Dr J. [...]

LE SYSTÈME
DE LA LYMPHE

ET

SON IMPORTANCE
EN PATHOLOGIE GÉNÉRALE

PARIS

LIBRAIRIE OCTAVE DOIN

GASTON DOIN, ÉDITEUR

8, PLACE DE L'ODÉON, 8

1920

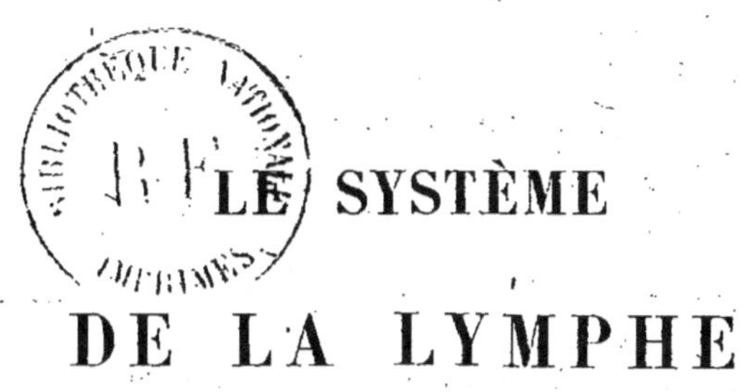

LE SYSTÈME
DE LA LYMPHE

DU MÊME AUTEUR

———

A LA MÊME LIBRAIRIE

———

La Syphilis obscure, 1 volume in-18 jésus, cartonné toile, de 250 pages . . . . **5 fr.**

LE SYSTÈME DE LA LYMPHE

ET

SON IMPORTANCE EN PATHOLOGIE GÉNÉRALE

PAR

Le Dr J. AUDRAIN

Professeur de clinique obstétricale à l'École de Médecine de Caen,
Membre de la Société Française de Dermatologie
et de Syphiligraphie.

PARIS

LIBRAIRIE OCTAVE DOIN

GASTON DOIN, ÉDITEUR

8, PLACE DE L'ODÉON, 8

1920

A LA MÉMOIRE DE MON REGRETTÉ MAITRE,
LE DOCTEUR R. DU CASTEL,
MÉDECIN DE L'HOPITAL SAINT-LOUIS

AVANT-PROPOS

L'évolution moderne nous ramène aux théories humorales. Les réactions du sérum sanguin et l'autolyse cellulaire constituent les grandes directives actuelles.

Il existe un autre élément plasmatique qu'on a tort de négliger : « la lymphe ».

Les cliniciens en ignorent presque tout.

Il y a vingt ans, les histologistes ont apporté des documents importants sur ses origines.

Déjà, la physiologie avait précisé son importance.

Aucun compte n'en a été tenu jusqu'ici.

L'attention de l'auteur a été attirée sur cette question depuis quinze ans, déjà préoccupé de l'étiologie des troubles lymphoïdes, puis des altérations lymphatiques cutanées. Une expérience heureuse lui a fourni une base solide de raisonnement, démontrant l'existence d'un tissu actif dans le corps muqueux de Malpighi, présentant tous les caractères d'une glande sécrétant la lymphe.

Un fait spécial a encouragé l'auteur dans cette voie : l'explication logique des localisations morbides en dermatologie.

L'incertitude qui a jusqu'ici régné à cet égard était l'objet de la constante préoccupation du regretté Docteur DU CASTEL.

C'est au souvenir de ses leçons que l'auteur doit d'avoir toujours cherché les indications capables d'éclaircir ce point obscur.

Le raisonnement logique forçait à tenir compte à ce sujet de la circulation lymphatique, puisque tous les autres éléments anatomiques sont identiques, quelle que soit la région considérée.

Dès l'instant que s'est démontrée l'existence d'une création lymphatique, reconnue par les histologistes, mais ignorée par les cliniciens, l'auteur a poursuivi ses recherches dans le même ordre d'idées.

Les faits observés se sont succédés avec une telle concordance étiologique que l'évidence s'est vite imposée.

Il existe un système de la lymphe dont l'origine première est située dans le corps muqueux de Malpighi, auquel se rattachent successivement, comme annexes, le tissu lymphoïde, les synoviales articulaires et les séreuses.

Cet ensemble possède une activité antitoxique puissante et présente des rapports intimes avec les glandes endocrines, notamment le corps thyroïde.

L'auteur a reconnu par suite l'organisation d'un appareil complet de défense antitoxique, destiné à maintenir un milieu chimique constant, dépourvu de substances toxiques, permettant aux fonctions vitales de s'exercer sans troubles.

Cet appareil est réalisé par le foie et le système de la lymphe d'abord, et secondairement par les glandes endocrines, dont l'action antitoxique est admise aujourd'hui, mais qui ne jouent qu'un rôle secondaire.

Le système de la lymphe, bien que n'ayant pas jusqu'ici été pris en considération, comble une lacune entre les troubles du foie et ceux des glandes endocrines.

Si l'on veut établir le système entier de la défense, on doit tenir compte des origines de la lymphe. Dès lors on peut suivre un enchaînement continu d'organes antitoxiques. Les modalités diverses de cette réaction défensive indiquent la marche progressive de cette intoxication, non pas seulement au cours de la maladie constituée, mais à l'occasion des troubles légers qui, sous les apparences de la santé, peuvent s'observer pendant plusieurs années avant l'imminence morbide.

Ce n'est pas le moindre intérêt de cette étude que d'avoir pu attribuer une étiologie claire et logique à de nombreux syndromes généralement obscurs : la cellulite, le sclérême, le myxœdème, les tumeurs inflammatoires.

Tant de conclusions se sont réunies pour démontrer l'unification d'un système de défense antitoxique, que l'auteur a cru devoir en grouper les éléments suivant leur valeur, et les soumettre au contrôle du corps médical.

INTRODUCTION

L'organisme, pour conserver l'intégrité de ses fonctions principales, doit pouvoir se préserver des atteintes nocives. Celles-ci se divisent en deux groupes : les microbes et les poisons.

Contre le premier, on connaît le mode de réaction ; les leucocytes ont cette mission spéciale de détruire les agents figurés qui ont pu traverser le revêtement cutané ou muqueux.

On ne pourrait affirmer que cette défense soit rigoureusement assurée : il existe un parasitisme microbien fréquent, sans que la santé en soit réellement altérée.

La lutte contre les poisons semble mieux établie. L'activité antitoxique du foie et des glandes endocrines a été démontrée par de nombreux travaux, et se pose actuellement en principe indiscutable.

Cependant, il existe, dans la succession des phénomènes morbides qui accompagnent l'intoxication, un nombre important de troubles dont l'étiologie est mal définie.

Ces troubles se produisent au niveau de la peau,

des formations adénoïdes et des synoviales articulaires.

En ce qui concerne la peau, il faut s'avouer que,
si les lésions sont bien connues dans leurs types
individuels et dans leur évolution, on sait peu de
chose de leur mécanisme de formation. On sait
seulement qu'il se produit des papules, ou des vésicules, ou des bulles, etc.

Les attitudes si diverses des tissus lymphoïdes
se rattachent aux grands états diathésiques ainsi
que les lésions articulaires, sans que les relations
qui les unissent paraissent logiquement établies.

Or il est facile de réunir tout cet ensemble
morbide dans un groupe unique, le système de la
lymphe.

Dans quelques communications diverses, l'auteur
a déjà signalé une grande partie de ces relations
entre les éléments lymphatiques, et les rapports
qui les rattachent aux fonctions endocrines.

Dans sa note du 20 avril 1914 à la Société de
Dermatologie, il a fait part des conclusions résultant
de l'injection au mercure du corps muqueux de
Malpighi, lequel possède un très riche réseau
lymphatique (1).

Cette injection démontrait que le réseau injectable
de la lymphe, beaucoup plus superficiel que la

(1) Docteur AUDRAIN ; *Bulletin de la Société Française de Dermatologie et de Syphiligraphie*, 5 décembre 1912, 20 avril 1914,
Progrès Médical, 30 mars 1912, 24 août 1912, 8 mars 1913.

région des vaisseaux sanguins, possède la faculté
de s'occlure spontanément par un acte vital, sous
l'influence d'un traumatisme.

Cet acte vital dure encore une heure environ
après la mort ; il reste limité à la zone de Malpighi ;
les canaux collecteurs de la lymphe restent béants
comme les vaisseaux sanguins.

Ce caractère d' « ultimum moriens » méritait
l'attention. Puisque la couche muqueuse de la
peau se montre douée d'une action individuelle
aussi précise, c'est donc qu'elle représente une
fonction de premier ordre.

C'est précisément ce que toutes les recherches
ont confirmé. Cette fonction est réelle, et consiste
à sécréter la lymphe.

La lymphe n'est en aucune manière un produit
exhalé du sang. Sa formule chimique ne permet
pas de la considérer telle. Toutefois, c'est moins
la lymphe qui va fournir les documents les plus
précieux, que le territoire dans lequel elle prend
naissance.

Dès qu'on étudie les formations embryologiques,
le développement des canalicules lymphatiques, les
observations de RANVIER sur la formation des
ganglions, les conclusions de BRANCA sur le siège
épidermique des origines lymphatiques, on est
amené à reconnaître dans le corps muqueux de la
peau une glande étalée en surface, dont le rôle est
considérable en pathologie générale.

Non seulement toute la dermatologie devra s'appliquer à l'étude de cette formation lymphatique, mais tous les accidents de nature toxique auront leur répercussion sur la région malpighienne.

On trouve des analogies singulières entre elle et les altérations toxiques du foie. On les trouve encore en rapport avec la glande thyroïde.

On est conduit à placer la glande lymphatique dans les premiers rangs des organes de défense contre les poisons, à égalité avec le foie.

Dès lors on peut concevoir un système continu d'organes destinés à détruire les poisons solubles, formant une chaîne ininterrompue de glandes à sécrétion interne, toujours en activité, l'une entrant en action lorsque celles qui la précèdent dans cette série hiérarchique deviennent défaillantes.

Il semble même que le système de la lymphe mérite le premier rang. Alors que les autres organes possèdent une ou plusieurs fonctions concomitantes, il semble créé uniquement pour la lutte antitoxique.

Si on ajoute à cette interprétation des fonctions du corps muqueux de Malpighi, les indications fournies par les tissus lymphoïdes et par les organes rattachés au système lymphatique, c'est-à-dire les grandes séreuses et les synoviales articulaires, on suit sans interruption le rôle de l'intoxication dans l'organisme.

Plus n'est besoin de créer des termes obscurs

tels que le « rhumatisme » ou l' « arthritisme ».
On n'a même pas à chercher par quel mécanisme
singulier la sécrétion thyroïdienne agit sur l'épaississement de la peau.

L'enchaînement des faits s'impose d'autant plus
aisément, que les troubles de la glande malpighienne
sont de contrôle facile et n'exigent aucun examen
de laboratoire.

Les moindres troubles cutanés, une diminution
dans la souplesse de la peau, une éruption morbide
régionale, le simple embonpoint sont autant de
signes qu'il suffira d'interpréter avec exactitude.

Ce n'est pas une étude qui puisse s'improviser.
Il faudra coordonner les observations individuelles.

La glande lymphatique présente en effet des
étapes successives au cours de la vie. A peine
développée chez le fœtus, elle prend une extension
énorme pendant les premières années, puis se
différencie lors de l'adolescence. Elle subit, lors de
la ménopause féminine, une nouvelle évolution.
Elle se montre différente suivant les sexes.

Le caractère le plus précieux qu'elle apporte
consiste à fournir des indications dès qu'il existe
un état toxique. Or il se passe un long espace de
temps, plusieurs années, et parfois des dizaines
d'années, entre les premiers symptômes cutanés
et l'imminence morbide ou la maladie confirmée.

Le foie subit parallèlement les mêmes influences.

Mais qui peut prétendre reconnaître les premières altérations hépatiques ?

La glande lymphatique est au contraire sous nos yeux, facile à palper. Elle nous renseignera avec précision, lorsque nous saurons distinguer la différence qui existe entre une peau souple et un épiderme épais, immobile sur les plans profonds.

C'est une éducation nouvelle à faire, en tenant compte de l'âge et du sexe ; les résultats en seront considérables pour la pratique médicale.

La crise dont chacun se plaint n'est due qu'à l'indifférence de tous les praticiens pour les menus symptômes morbides.

Cette indifférence a pour résultat évident le succès des paramédicaux et des méthodes empiriques.

Dès que le médecin sera capable de poser un diagnostic d'après un trouble léger de la peau ou des organes lymphoïdes, il n'y aura plus de place pour les charlatans.

Jusqu'ici nous ne pouvons que protester contre ceux-ci : à côté de nombreuses erreurs qu'ils commettent, ils soulagent parfois des malaises que nous avons dédaignés.

C'est pendant la période de santé apparente que le médecin se doit de chercher les signes de la maladie prochaine. L'étude du système de la lymphe permet d'y réussir.

L'art médical commencerait ainsi à l'homme sain, et aucun trouble ne devrait rester obscur.

Autant que ma pratique privée me permet de l'affirmer, l'éducation du public serait prompte. Dès qu'un médecin tiendra comme valeur un symptôme d'apparence bénigne, et saura l'interpréter utilement, il n'existera plus de crise professionnelle, et les maladies confirmées seront moins nombreuses.

Division du Sujet.

Cet ouvrage se divise en deux parties. Dans la première, l'auteur présentera les résultats de ses recherches personnelles, résultats qui, appuyés sur les observations des histologistes, permettent de situer la glande lymphatique dans l'épaisseur de l'épiderme. Ses caractères embryologiques, anatomiques, physiologiques, pathologiques, sont successivement à considérer.

L'auteur examinera ensuite les annexes de la glande, c'est-à-dire le tissu lymphoïde, les séreuses et les synoviales articulaires, qui complètent le système de la lymphe.

Il étudiera les caractères généraux de ce système et sa fonction antitoxique, intimement liée aux sécrétions endocrines.

Dans la deuxième partie, l'auteur passe en revue toutes les glandes vasculaires sanguines, et rassemble les indications qui les unissent entre elles. Leur réunion au système de la lymphe forme un ensemble constituant la défense antitoxique de l'organisme.

Enfin il en suivra les diverses réactions contre les substances toxiques ou toxiniques diverses.

PREMIÈRE PARTIE

LE SYSTÈME DE LA LYMPHE

CHAPITRE PREMIER

LA GLANDE LYMPHÀTIQUE

La lymphe prend son origine dans le corps muqueux de Malpighi. Elle résulte d'une activité spéciale des tissus, dont l'élément principal est représenté par les filaments d'union.

Ces filaments, découverts par RANVIER dans les quatre couches superposées à la basale génératrice : stratum filamentosum, granulosum, lucidum, intermedium ont des caractères particuliers histologiques.

C'est à leur niveau que nous avons observé les modifications les plus singulières, au cours des états toxiques.

C'est leur activité et leur sensibilité qui président à certaines réactions physiologiques et à la création des troubles pathologiques de la peau. Leur tissu est sensible aux agents chimiques et se tuméfie à leur contact.

Un fait remarquable sera d'apprendre, d'après GÉRAUDEL (1), que les éléments du foie qui se tuméfient sous l'action des toxiques, sont les filaments en treillis, en tous points analogues aux filaments d'union.

La lymphe ne peut, en aucune façon, être considérée comme un plasma provenant directement du sang ; ni sa composition chimique normale, ni la surcharge de substances toxiques qu'on y reconnaît, en cas de pénétration de poisons dans le sang, ni les phénomènes qui président à sa formation locale, ne permettent cette interprétation.

La lymphe procède d'une création endotissulaire qui s'extravase ensuite dans les espaces libres avoisinant les filaments d'union ; de là elle s'écoule vers les collecteurs profonds.

Les propriétés physiologiques sont nettement différentes entre la zône de sécrétion active et les canaux d'excrétion.

Historique.

La théorie du professeur SAPPEY qui plaçait les origines de la lymphe dans les mailles du tissu cellulaire n'est pas assez ancienne pour être tombée dans l'oubli ; elle admettait l'ouverture libre des vaisseaux lymphatiques entre les cellules conjonctives.

Cette théorie disparut devant divers travaux dont les principaux furent ceux de RANVIER, qui démontra le caractère clos de la circulation de la lymphe.

____

(1) Dr GÉRAUDEL : *Parenchyme hépatique et bourgeon biliaire,* 1909.

Cette opinion apparut du reste dans la plupart des travaux de l'époque. Toutefois deux tendances bien distinctes se manifestaient.

En Allemagne LUDWIG, TOMSA, HEIDENHAIN, LANDOIS continuaient de considérer la lymphe comme un liquide transsudé du sang, avec quelques modifications chimiques ; les sels passant en totalité d'une circulation à l'autre, les générateurs de fibrine dans la proportion des deux tiers, l'albumine pour moitié ; la lymphe se chargeant en outre des produits de désassimilation des éléments anatomiques.

La lymphe sortait des capillaires sanguins suivant le degré de pression vasculaire. HEIDENHAIN admettait son origine dans une sécrétion des cellules des parois des capillaires sanguins. Le réseau lymphatique restait donc soumis au réseau sanguin et procédait du mésoderme.

Les travaux de HIS, REKLINGHAUSEN, HOFFMANN n'apportent aucun élément important, et ne se sont occupés que de l'inflammation et de l'évolution leucocytaire.

En France, RANVIER formula une théorie toute différente. Il scinda les deux circulations, et démontra l'origine épidermique des premiers canalicules du suc, en s'appuyant sur l'étude des sacs lymphatiques de la grenouille.

Ses recherches sur la formation des ganglions du porc apportèrent une lumière nouvelle et des faits concluants. Elles montraient les canaux lymphatiques du fœtus venant à la rencontre des vaisseaux sanguins ; de la conjonction des deux éléments naissent les ganglions. Les deux systèmes ont donc une origine différente.

Cette attribution de la lymphe à l'épiderme ne fut pas partout admise et des traités classiques, même en 1900, placent les premiers capillaires lymphatiques sous-jacents aux capillaires sanguins (Mathias Duval). On ne connaissait à cet égard que les canaux de 30 à 60 µ avec cellules endothéliales en jeu de patience, ou en feuilles de chêne.

Renaut de Lyon et Branca apportaient leur contribution à la théorie de Ranvier, et montraient un réseau plus serré sus-jacent au réseau sanguin.

Telle était la question, en janvier 1899, lorsque Ranvier annonça à l'Académie des Sciences l'existence des filaments d'union, caractéristiques du stratum filamentosum, et qu'il découvrait pour la première fois. Ces filaments lui parurent d'une telle singularité qu'il leur attribua de suite une valeur fonctionnelle de premier ordre.

Il décrit ces ponts de passage franchissant les intervalles intercellulaires, traversant même deux cellules, servant d'union, à distance, formant une trame serrée, entre-croisée à travers les couches épidermiques, et s'étendant du stratum germinatif au stratum intermedium.

Il montre les filaments superposés à la couche génératrice, au milieu des cellules en multiplication karyocinétique.

Le tissu dont ils sont formés est d'une nature particulière : il n'est pas simplement protoplasmique, et se différencie par la biréfringence à deux nicols croisés. L'activité vitale de la couche de Malpighi paraissait telle à RANVIER qu'il conclut en ces termes : « la cellule entrant dans le rang sait ce qu'elle a à faire, et le fait. » La même communication nous apporte ce document précieux, de savoir que les filaments d'union se gonflent sous l'action des acides et des alcalis.

En avril de la même année, BRANCA apporte sur la même question, des documents nouveaux, d'une grande précision (1). Au cours du développement embryónnaire de la peau, les filaments n'existent pas encore ; ils naissent plus tard, aux dépens d'un syncitium parsemé de noyaux au niveau du corps muqueux ; dans un troisième stade, ils s'étendent à travers le stratum granulosum jusqu'à l'intermedium.

Une fois constitués, ces filaments, faits de substance transparente spéciale, resteront fixes au milieu des transformations cellulaires environnantes en activité mitosique.

BRANCA ne croit pas à la libre circulation de la lymphe dans les espaces limités par les ponts de passage. Ce sont pour lui des perles biréfringentes fixant l'hématoxyline, et dont il ne définit pas la nature.

Il signale qu'autour des foyers où il a reconnu la présence de leucocytes ou d'hématies, les filaments d'union ont disparu.

Dans le même bulletin (p. 440, Loc. cit.) il déclare que dans le processus de cicatrisation il n'existe pas de ces filaments.

Déjà RAMON-CAJAL avait émis quelques opinions spéciales : les espaces interposés entre les cellules, et

____

(1) BRANCA : *Société de Biologie*, Avril 99, p. 358.

traversés par les ponts de passage, sont remplis de lymphe. Le tissu des filaments ne serait pas univoque ; autour d'un axe central, qu'il considère comme proto-plasmique, il existerait une double enveloppe dont la plus externe se continuerait à la surface des cellules voisines, à la manière d'un endothélium continu.

EXPÉRIENCES PERSONNELLES

Technique des recherches.

Les faits observés par le Professeur RANVIER per-mettent de comprendre le mécanisme des phénomènes d'occlusion spontanée du réseau lymphatique malpighien relatés dans ma communication du 20 avril 1914 à la Société française de Dermatologie et de Syphiligraphie.

J'ai, à cette date, insisté sur la nécessité d'expérimenter sur des tissus frais, chaque fois qu'on chercherait à connaître les conditions anatomiques des premières voies lympatiques.

Les indications que j'ai fournies alors pouvaient se résumer ainsi : En opérant sur des tissus provenant d'amputations, pendant la première heure qui suit la section chirurgicale, on réussit *toujours* à injecter un réseau très dense de canalicules situés immédiatement au-dessous de la couche cornée de l'épiderme (stratum corneum verum).

Toutefois si on injecte au voisinage de la tranche de section, le mercure vient s'accumuler contre cette tranche, mais ne s'écoule pas au dehors : le réseau est clos partout au niveau de la peau. Le métal n'apparaîtra que plus profondément, au niveau des troncs collecteurs lymphatiques.

Cette occlusion spontanée résulte d'un acte vital et disparaît environ 60 ou 80 minutes après l'opération.

Le mécanisme de cette occlusion m'avait paru difficile à comprendre. Je l'avais attribué à la contractilité du protoplasma cellulaire ou d'un endothélium ; ou à une faculté d'intussusception, fermant mécaniquement les espaces libres.

L'observation de RANVIER, sur l'accroissement de volume des filaments d'union, au contact d'un irritant chimique, apporte une explication nouvelle, et permet de situer exactement le mécanisme au niveau de ces filaments.

La note de BRANCA sur l'indépendance originelle et fonctionnelle de ces filaments venait au moins autoriser cette interprétation.

Depuis lors, les lésions épidermiques observées dans l'éléphantiasis se sont montrées exactement concordantes, les ponts de passage créant, seuls, l'obstruction de la circulation lymphatique, alors que les cellules restent indemnes. Donc, qu'il s'agisse d'une irritation chimique ou d'un traumatisme, les filaments d'union se tuméfient et provoquent l'occlusion des espaces libres.

Pendant plus d'une heure après l'amputation, toute section nouvelle, pratiquée au bistouri, est suivie de la fermeture du réseau, sur toute la longueur sectionnée, et d'une manière définitive.

Ce n'est qu'environ 80 minutes après l'amputation du

membre que les espaces libres du corps muqueux resteront béants.

L'occlusion spontanée n'existant pas au niveau des collecteurs lymphatiques sous-jacents, qui constituent le réseau des anatomistes, on ne peut attribuer la puissance vitale, capable de la produire, qu'à la couche épidermique du corps muqueux.

Il y a donc lieu de différencier les deux zones, aussi nettement que les cellules sécrétantes d'une glande à l'égard de ses conduits excréteurs.

L'acte vital appartient au corps muqueux ; le réseau ne constitue que des voies inertes d'écoulement.

L'expérience prouve, d'une manière formelle, qu'il existe, au niveau du corps muqueux de la peau, un tissu qui, sous l'action du traumatisme, est capable de fermer toute communication avec le dehors, et que le tissu possède une personnalité vitale assez grande pour persister plus d'une heure après la mort.

Ainsi concluons-nous à l'existence d'une glande lymphatique située dans l'épiderme, et étendue par conséquent à toute surface cutanée.

Ces indications générales étant posées, nous devons indiquer en détail le résultat de nos recherches personnelles, soit sur des pièces d'amputation, soit sur des fœtus.

Injection du réseau de Malpighi.

On sait les difficultés techniques, le plus souvent décourageantes, qu'ont toujours rencontrées les anatomistes dans leurs recherches. La cause en est due à ce que les pièces anatomiques étaient anciennes ; les troncs collecteurs étaient seuls perméables, c'est pourquoi on les voit seuls décrits dans les traités classiques.

Il est certain qu'aucune tentative ne sera couronnée de succès si elle ne s'applique pas à des tissus encore vivants, c'est-à-dire fixés aussitôt après la mort ou pris sur des pièces d'amputation chirurgicale et mises aussitôt en expérience.

C'est à ce principe que je dois d'avoir pu poursuivre, sans aucune difficulté opératoire, l'examen du réseau lymphatique. J'ai employé l'injection au mercure avec la seringue de verre de 2 centimètres cubes, munie de la plus fine aiguille que possible, de platine iridié, le biseau ayant été revu et taillé court formant surface plane.

Il n'est pas nécessaire de procéder à une longue préparation de la peau ; un raclage prudent de l'épiderme suffit, de manière à mettre à nu les premières couches épidermiques ; ainsi l'on peut suivre par transparence les très fins dessins que vont faire apparaître les trajets de l'injection mercurielle.

L'emploi du bleu de Gérota n'a montré aucune supériorité technique ; la teinte bleue ne vaut jamais la teinte métallique, et ne se diffuse pas aussi promptement que le mercure. L'injection mercurielle est toujours précise, et se réalise cent fois sur cent.

L'aiguille ayant pénétré, la lumière étant dirigée vers la surface cutanée, suivant une faible inclinaison, la pression du piston doit s'exercer aussitôt que la lumière de l'aiguille est noyée dans les tissus.

La pression doit être légère. On s'en rend compte très vite. Tant que l'aiguille traverse la couche cornée, rien ne transsude. Puis, brusquement, l'injection se dessine aussitôt que l'on a atteint le corps muqueux, dès le stratum intermedium. Si l'on a pris soin de dénuder une surface de 25 ou 30 centimètres carrés de peau, on pourra suivre toutes les phases importantes de l'expérience.

Tout d'abord le mercure dessine de très fins linéaments qui se contournent, s'enroulent, s'entre-croisent, et d'autant plus élégants que l'injection est pratiquée plus doucement. Ils couvrent rapidement une surface de 15 millimètres de diamètre environ par ces premiers trajets, légèrement moniliformes, qui représentent assez exactement le dessin des intervalles inter-cellulaires.

En même temps que cette mosaïque se forme, on distingue des lignes analogues, dans un plan un peu plus profond, et le placard injecté se soulève légèrement. A ce moment, les linéaments profonds se sont multipliés de telle sorte qu'ils paraissent adossés les uns aux autres ; en même temps, on voit se dessiner quelques fins trajets excentriques qui divergent en rayons sinueux ; au nombre de trois ou quatre, l'un latéralement, se dirigeant vers la racine du membre, soit un peu obliques ou parallèles à son axe.

Si on interrompt l'injection en laissant l'aiguille en place, on peut, au moyen d'une pression douce, prolongée, chasser le mercure injecté, qui disparaît dans la profondeur, ou se dissémine autour du foyer initial. Une nouvelle injection peut être de nouveau pratiquée, et reproduire les mêmes méandres.

On n'observe pas d'extravasations ni de collections métalliques si la pression est exercée régulièrement, même avec une certaine force. On obtient seulement une étendue un peu plus grande du champ injecté.

L'excès du mercure pénètre dans le tissu cellulaire et gagne les collecteurs profonds.

Sur les pièces provenant d'amputations chirurgicales, on peut s'en rendre compte par l'issue du métal au niveau de points constants, qui appartiennent au réseau des troncs lymphatiques.

Chez le fœtus, l'injection du corps muqueux n'a pu être réalisée avant la septième mois ; mais à partir de cette date, elle a présenté un intérêt particulier, en ce qu'elle se pratique avec une facilité merveilleuse.

Un fait est important à retenir : il existe de notables variations de types dans l'aspect et les conditions de l'injection, suivant les régions considérées.

Il est en effet très différent d'injecter le pli du coude ou la région de l'olécrane, et le triangle de SCARPA, ou la face externe de la cuisse et, d'une manière générale, les zones de flexion en comparaison des zones d'extension.

Les premières exigent une faible pression, absorbent une notable quantité de mercure ; les linéaments se dessinent plus vite, et les troncs collecteurs se chargent plus aisément ; dans les régions d'extension, l'injection se réalise avec le même type de dessins, mais beaucoup plus lentement ; les dessins sont plus gros ; les voies d'écoulement vers la profondeur sont rares et peu perméables ; même avec une forte pression, le mercure ne pénètre plus ; on croirait volontiers que l'aiguille est obstruée.

Cette résistance à l'injection présente de nombreux

degrés. C'est au niveau du genou, de l'olécrane et du contour de l'oreille que les difficultés sont les plus grandes.

De même, il existe, dans les zones de flexion, des variations dans la perméabilité des espaces lymphatiques; c'est le pli de l'aine qui est le plus rapidement couvert dans toute son étendue, et la région axillaire la plus vite injectée dans sa profondeur.

Ces détails seront du reste considérés plus loin.

Phénomènes d'occlusion spontanée.

Le caractère d'occlusion spontanée du corps muqueux dont nous avons parlé quelques pages plus haut, nous paraît présenter la plus grande importance. Nous l'avons déjà signalé en avril 1914 (Bulletin de la Société Française de Dermatologie et de Syphiligraphie); depuis lors nous avons maintes fois répété l'épreuve dans des conditions variées. Elle s'est montrée toujours constante lorsque les tissus étaient normaux. Lorsqu'elle a été négative, sur des tissus altérés, elle a fourni néanmoins des indications importantes. C'est d'après les conclusions qu'elle impose, que nous avons pu concevoir l'existence et le rôle de la « glande lymphatique malpighienne ». Aussi devons-nous rappeler les détails techniques qui la concernent.

L'expérimentation se pratique sur un segment de membre, provenant d'une amputation d'urgence, par suite d'accident, chez un sujet sain.

Il faut noter l'heure de la section chirurgicale. Aussitôt qu'elle est terminée, on pratique un raclage prudent

et méthodique de la peau, au voisinage de la tranche
opératoire. Il est utile, pour que la démonstration soit
complète, que la même préparation soit appliquée à
toutes les surfaces cutanées qui n'ont pas été altérées
par le traumatisme. Ce raclage doit enlever la couche
cornée, sans atteindre le stratum intermédium.

Puis, à 2 ou 3 centimètres de la tranche de section,
on pratique l'injection, au mercure, des espaces libres
du corps muqueux. On voit se dessiner les lignes con-
tournées que nous avons déjà signalées ; en maintenant la
pression, on voit les lignes se rapprocher, puis atteindre
la tranche, puis se contourner en arrière. Elles bordent
d'une manière continue la section chirurgicale, mais
aucune parcelle de métal ne fait issue au dehors ; le
mercure est arrêté sous la peau. Cependant on le verra
sourdre dans les couches plus profondes ; au niveau
du tissu cellulaire, deux, trois points d'issue laisseront
couler les gouttes métalliques. D'un tronc sous-aponé-
vrotique s'échapperont des gouttes plus volumi-
neuses.

On peut répéter la même injection tout près de la
section, en un autre point de la circonférence du membre ;
même en augmentant la pression, on ne fait pas sortir
de mercure au niveau de la peau incisée. On voit le
métal par transparence ; mais il est toujours bien
contenu. En examinant de près, on constate que l'épiderme tranché par le couteau ne présente pas une
arrête vive, mais que le rebord est légèrement ourlé,
comme s'il existait un muscle peaucier, bien qu'à
un degré beaucoup moindre.

Quittant alors cette région, on expérimente sur une

autre partie raclée préalablement loin de la tranche d'amputation ; on y pratique une incision au bistouri ; puis on reproduit la même expérience de chaque côté des lèvres de cette incision. Le mercure dessinera ces méandres jusqu'à toucher la lèvre ; on le verra, ainsi que précédemment, par transparence, sous forme de globules en chapelet, mais il ne s'écoulera pas.

De dix minutes en dix minutes, on peut pratiquer une nouvelle incision, et en injecter les bords, le résultat restera le même.

Lorsqu'il y aura environ une heure écoulée (le délai a varié de 55 à 80 minutes), une nouvelle incision sera moins rebelle ; l'injection laissera passer quelques particules très ténues de métal. Quelques instants plus tard, en incisant un nouveau point, l'injection s'échappera tout entière, en pluie fine, de l'épaisseur même de l'épiderme, suivant une ligne continue parallèle à la peau. En même temps, on peut constater que l'arête de l'incision est nette, perpendiculaire au plan de la peau : c'est une arête cadavérique.

On peut contrôler alors quelle est l'attitude des tranches de section précédentes. Les injections qu'on pratiquera sur leurs bords ne feront pas issue au dehors : le mercure y restera encore contenu.

Si on entaille dans la profondeur, on trouvera dans les collecteurs profonds des parcelles de métal éparses de place en place, les collecteurs ayant déversé leur contenu au dehors, dès les premiers instants.

Nous ne saurions interpréter les phénomènes qu'en accordant à l'épiderme un caractère vital, capable de persister pendant au moins une heure après la section du membre, et permettant au réseau visiblement injecté de s'occlure sous l'influence du traumatisme.

Lorsque la mort est totale, les espaces cessent de s'occlure et restent béants.

Une autre expérience, que nous relaterons en détail en étudiant la pathologie lymphatique, constitue une contre-épreuve intéressante : des injections au mercure furent pratiquées dans l'épaisseur de l'épiderme sur deux membres, présentant l'état éléphantiasique, qu'on avait dû amputer. Les espaces injectés ne présentèrent à aucun moment le caractère d'occlusion spontanée, et le métal s'écoulait avec la lymphe le long de la tranche opératoire, et dans les incisions pratiquées sur la continuité du membre.

De plus, l'aspect des linéaments mercuriels se montra très différent de ceux décrits précédemment ; bien que la peau présentât l'apparence de « varices lymphatiques », sous la forme de traînées claires, analogues à de la gelée de pommes, il n'existait que de rares canaux lymphatiques, le mercure ne dessinant que des lignes fines et tortueuses, très distantes les unes des autres.

Les zones claires étaient constituées par du tissu infiltré de lymphe ; les dessins intercellulaires se montraient espacés, et ne s'enchevêtraient pas. En outre, l'injection des collecteurs profonds ne se réalisa que sur quelques points, et très difficilement.

Ici donc, nous observions l'accumulation de la lymphe dans les tissus et une réduction considérable dans la perméabilité de ses voies d'excrétion.

Il est posssible de formuler déjà quelques conclusions.

Le corps muqueux épidermique, qui ne semblait organisé que pour assurer la formation de la peau et fournir à sa nutrition, est en même temps le foyer d'origine de la lymphe.

La théorie française de RANVIER, de BRANCA, de RENAUT y trouve une nouvelle preuve. Dans nos expériences, aussitôt la couche cornée franchie, (c'est-à-dire immédiatement au-dessous du stratum disjunctum et du corneum verum), les espaces lymphatiques se laissent pénétrer par l'injection mercurielle. Le succès constant obtenu prouve que les espaces existent dans toute l'épaisseur du corps muqueux. On peut poursuivre longtemps la pénétration de l'aiguille avant de rencontrer un vaisseau sanguin.

Tout le corps muqueux s'épaissit, et se remplit de métal comme une éponge, sans en laisser passer dans les vaisseaux, tant que l'aiguille n'a pas franchi la couche basale, et pénétré les papilles du derme.

L'origine épidermique de la lymphe paraît ainsi évidente ; par conséquent elle relève de l'ectoderme.

Il faut à cet égard rappeler que, dès 1881, AXEL KEY et RETZIUS ont signalé des lacunes de l'épiderme capables d'être injectées, et les ont attribuées à la circulation de la lymphe (1).

Du moins il n'a jamais été, jusqu'ici, précisé de rapport absolu entre les tissus du corps muqueux et la création de la lymphe.

____

(1) AXEL KEY et RETZIUS : Stockolm, *Revue de Biologie*, 1881.

Nous ne prétendons pas résoudre la question : nous signalons seulement quelques indications premières.

Les faits observés sur les tissus encore doués de vitalité nous montrent :

1º Que, lorsque la peau est normale, il existe un réseau d'espaces libres et perméables, que ces espaces existent dans toute l'épaisseur du corps muqueux, et communiquent avec les vaisseaux collecteurs de la lymphe.

2º Que les éléments histologiques, entre lesquels existent ces espaces, sont les cellules épidermiques et les filaments d'union.

Pouvons-nous attribuer déjà un rôle plus actif à l'un de ces éléments ? Nous verrons plus loin que les cellules ne semblent pas présenter d'altérations aussi notables que les filaments.

Bien que RANVIER ait signalé leur puissance d'activité, que les aspects mitosiques y soient fréquents, il est difficile de leur accorder le rôle prédominant dans les états de spongiose et d'acanthose. Le rôle des filaments semble plus précis.

On ne connaît pas exactement leur nature : on sait qu'ils ne sont pas de nature collagène. RANVIER a découvert « qu'ils se gonflent au contact des acides et des alcalis ». Ne peut-on inférer de cette sensibilité spéciale qu'ils sont capables, de même, de se gonfler sous l'influence d'un traumatisme ?

L'augmentation du volume ressemble à l'acte sécrétoire des cellules glandulaires. Sans doute la disposition des ponts de passage ne rappelle en rien les formations histologiques des glandes. Peut-être les éléments de type endothélial, signalés par Ramon CAJAL, à la surface des ponts de passage et se continuant sur les cellules voisines, jouent-ils un rôle jusqu'ici inconnu.

Le problème est à résoudre.

Il existe du moins un élément d'une vitalité exceptionnelle, qui se charge de suc en présence d'un acide, d'un alcali, ou d'un traumatisme, et qui, de ce fait, obstrue mécaniquement les espaces normalement perméables, existant entre les cellules du corps du Malpighi.

Or ce suc ne peut être que la lymphe, qui y prend ses origines. La qualité d' « extremum moriens » que nous n'hésitons pas à attribuer à ces éléments, est non seulement démontrée par nos expériences sur les pièces provenant d'amputations, mais est en concordance avec d'autres procédés déjà connus pour reconnaître la mort réelle. C'est ainsi que les cautérisations au thermo-cautère restent sèches, et dessinent des plis radiés chez le cadavre ; (le même fait se produit chez le vivant lorsque la circulation de la lymphe est interrompue par une lésion de sclérême).

C'est aussi dans l'affaissement définitif du tissu lymphoïde de la lèvre, après forcipressure, que VINCENT a reconnu un signe certain de la mort.

Cette discussion était nécessaire avant d'entreprendre l'étude de la glande lymphatique, dans ses diverses étapes d'évolution au cours de la vie, et dans ses altérations pathologiques.

Caractères anatomiques
du réseau lymphatique épidermique.

La recherche des origines du réseau lymphatique appartient à l'histologie. Toutefois la disposition des espaces intercellulaires, dans l'épaisseur de l'épiderme, est assez variée pour relever de l'étude anatomique.

Elle n'a pu être établie jusqu'ici à cause de ce singulier principe : « qu'il fallait attendre pour étudier les lymphatiques que le sujet fût altéré par la décomposition cadavérique ».

Nous avons vu que, dès les premières heures qui suivent la mort, l'état des premières voies lymphatiques se modifie ; leurs altérations vont en s'accroissant rapidement, et le délai d'autopsie est déjà nuisible, surtout pour les parties déclives.

Il faut de plus que la glande lymphatique n'ait pas été altérée pendant la vie. Non seulement tout état de sclérodermie, ou de myxœdème, rend impossible une étude du réseau épidermique, mais le simple embonpoint, et tout œdème dur de la peau, sont un obstacle.

Dans la première enfance, la peau est trop épaisse pour permettre l'observation ; il en est de même après la ménopause féminine chez de nombreux sujets.

Si on tient compte de ces multiples causes, capables d'entraver les recherches, on reconnaîtra que les méthodes ordinaires ne peuvent suffire à l'exploration du réseau malpighien.

Nous apportons le résultat de nos recherches personnelles, qui sont loin de s'étendre à toute la surface du corps.

Les pièces provenant d'amputations nous ont permis de reconnaître des aspects différents entre les diverses régions des membres.

Toutefois, c'est sur un fœtus d'environ 7 mois que nous avons recueilli les indications les plus intéressantes.

Il est nécessaire de rappeler d'abord ce que l'on sait sur les formations lymphatiques pendant la vie intra-utérine.

Ranvier étudiant la formation des ganglions lymphatiques du porc, reconnut que les vaisseaux lymphatiques ne sont en aucune façon tributaires du système sanguin.

C'est ainsi du reste qu'il rattacha les origines lymphatiques à l'ectoderme.

Il avait constaté que les canalicules lymphatiques vont au devant des vaisseaux sanguins, en partant de la peau, et que, de leur contact, naissait le ganglion, par intrication des deux ordres de vaisseaux.

Chez le fœtus, les premiers espaces lymphatiques se créent avant les troncs collecteurs, et le réseau épidermique est déjà constitué, alors qu'il n'existe que peu de communications avec la profondeur.

Une radiographie de fœtus de 6 mois et demi présente quelque intérêt à cet égard. Divers points injectés au mercure ont seulement déterminé des placards entièrement opaques ; cependant on peut discerner, sur leurs bords, des dessins en mailles appartenant nettement à l'épiderme.

On voit au niveau de la jambe et le long de la cuisse droites un tronc qui se dirige vers le triangle de Scarpa. La disposition du trajet démontre qu'il s'agit d'un collecteur lymphatique.

On peut s'étonner qu'un seul tronc ait été injecté, alors que le réseau malpighien était déjà constitué.

Cette radiographie ne présente du reste pas d'autre intérêt. Les masses obscures démontrent qu'en divers

Injection de lymphatiques chez un fœtus de 6 mois ½
(Radiographie).

1. Injection dans l'épaisseur du corps muqueux de la peau, à la face interne de la jambe. Lacis très ténu au bord du placard opaque. Un vaisseau lymphatique se dirige vers la racine du membre. — 2. Injection pratiquée à la face interne de la cuisse. — 3 et 4. Injection pratiquée à la face externe du membre inférieur.

points le mercure s'est répandu dans le tissu cellulaire, ou a pénétré quelque veine.

Les constatations les plus importantes résultent des observations à l'œil nu.

Pour observer les origines du réseau, il suffit de suivre

les méandres dessinés par le métal, et dont la visibilité est parfaite à cette période de la vie intra-utérine.

En injectant très doucement, on suit les phases de pénétration, qui se terminent par l'établissement d'un placard à petits grains saillants, duquel se détachent quelques mailles finement dessinées dans le voisinage et quelques courtes lignes sinueuses ascendantes.

Le phénomène le plus intéressant a consisté dans la variation de perméabilité des régions. Les zones d'extension exigent une pression plus forte et plus prolongée ; l'espace injecté est plus étroit ; on se rend compte que les espaces libres sont réduits, et que leurs voies d'issue sont rares.

Au contraire au niveau des plis de flexion, le mercure fuse partout rapidement, et se répand en tous sens dès la première pression. Cette différenciation s'est indiquée chez le fœtus avec une netteté remarquable, au niveau du triangle de Scarpa : plusieurs injections avaient été pratiquées à la face antéro-externe de la cuisse, sur une ligne axiale passant par l'épine iliaque antéro-supérieure ; toutes avaient été pénibles, parvenant à peine à couvrir une étendue d'un centimètre carré. Brusquement, lorsque la lumière de l'aiguille vint à se rapprocher de l'épine iliaque, à 3 centimètres environ de distance, l'injection se dessina d'un coup, suivant cinq lignes très serrées, courant parallèles à l'arcade de Fallope ; la partie supérieure du triangle de Scarpa fut, est un instant, couverte comme d'un filigrane d'argent.

Les dessins obtenus chez le fœtus ont toujours été en concordance de type avec ceux constatés chez les sujets adultes, au point de vue de la facilité ou de la difficulté à faire pénétrer l'injection.

Toutefois il existe une différence entre les deux aspects.

Chez le fœtus, on voit les sinuosités s'enrouler autour de la pointe de l'aiguille, puis se stabiliser ; ensuite les lignes radiées apparaissent sur un plan un peu plus profond.

Chez l'adulte, le début de l'injection est le même, mais il se passe un temps plus long pour que le placard se forme et se stabilise ; les trajets radiés ou excentriques sont plus rares, plus courts, et sont plus profonds.

Nous indiquerons brièvement les attitudes observées dans diverses régions. La plupart d'entre elles proviennent de l'étude sur le fœtus.

Anatomie Régionale.

Région céphalique. — Dans la région céphalique, les recherches ont porté sur le cuir chevelu, la zone auriculaire, les lèvres et la langue.

Cuir chevelu. — Les lymphatiques sont faciles à injecter. Les aspects que dessine le mercure sont à peu près toujours identiques ; des lignes fines légèrement sinueuses figurent des rayons qui remblent s'anastomoser, de telle sorte que les intervalles qui les séparent se trouvent remplis rapidement et forment un placard complet, constitué par l'accolement de petits linéaments diversement contournés ; autour du placard quelques

trajets s'étendent à distance de deux ou trois centimètres.

Il suffit d'une faible pression pour pénétrer les canalicules. Si la pression se prolonge, les tissus sont soulevés
par la pénétration du mercure dans une couche plus
profonde. On n'obtient pas, en exagérant la pression, une
injection beaucoup plus étendue, on constate seulement
que la peau se soulève davantage ; un ou deux trajets
s'indiquent vers la région ganglionnaire prochaine.
Il faut exercer avec le doigt une pression prolongée
pour évacuer le mercure dans la région voisine. Il est
manifeste que la pression ne se transmet pas très loin du
point de piqûre.

Région auriculaire. — Le pavillon de l'oreille est très
difficile à pénétrer : les linéaments sont très fins, lents
à s'adosser et s'arrêtent à quelques millimètres du
foyer de pénétration de l'aiguille ; on n'aperçoit pas de
plan profond. Lorsqu'on s'approche du pli auriculo-
temporal, la pénétration devient moins difficile ; au
niveau du pli même, le métal se disperse instantanément
en tous sens, surtout dans une direction qui lui reste
parallèle, et aussi s'accumule dans la profondeur ; le
tissu cellulaire se remplit en masse et dessine une bande
saillante vers le bord antérieur du sterno-mastoïdien.

Lèvre supérieure. — L'injection entre très difficilement
entre le pli du nez et le bord de la lèvre ; mais quand
on atteint la muqueuse, le mercure pénètre instantanément en lignes étroitement serrées, verticales, couvrant
une bande d'un centimètre et demi de largeur, et très

vite la lèvre s'épaissit au même niveau, jusqu'à former une saillie considérable. Pour injecter la région voisine, il faut une nouvelle piqûre, dont le résultat est semblable.

La lèvre inférieure présente les mêmes caractères, bien qu'à un degré moindre. La distribution est moins régulière ; la lèvre s'épaissit notablement si la pression se prolonge.

Langue. — L'injection de la langue ressemble à celle de la lèvre supérieure. Une piqûre à la pointe dessine une bande métallique dirigée d'avant en arrière, formée de 8 à 10 linéaments étroitement adossés ; avec quatre piqûres on transforme la langue en une plaque métallique. La zone profonde ne se pénètre que si l'aiguille est enfoncée davantage.

Tronc. — Sur le tronc, les essais ont été pratiqués le long de l'aisselle, sur le milieu de la poitrine, le milieu du dos, le rebord costal, la région ombilicale et l'hypogastre.

Parois latérales et Région axillaire. — Arborisations élégantes, en longueur, dirigées vers l'aisselle, très facilement obtenues sans forte pression. Au niveau axillaire même, le métal s'accumule dans la profondeur. On peut toutefois, en multipliant les foyers de piqûre, couvrir tout l'épiderme d'un fin lacis de lignes brillantes.

Région médiane. — Sur le devant de la poitrine, les

dessins sont pauvres, étoilés à court rayon, de pénétration plus lente, n'absorbant que peu de mercure.

Il en est de même sur le milieu du dos. Cependant, en injectant lentement, on peut obtenir une pénétration plus considérable, intéressant le plan profond. On ne peut toutefois étendre la zone d'injection, qui reste limitée à un centimètre de rayon environ.

Région ombilicale. — La couche superficielle s'injecte facilement, avec lignes divergentes, en trajets sinueux s'étendant alentour ; les intervalles entre ces lignes se couvrent péniblement. Il faut répéter les piqûres pour obtenir un placard uniforme.

Région hypogastrique. — L'injection de la couche superficielle est facile ; la région profonde s'infiltre en même temps et provoque une saillie de la région autour de l'aiguille. Il suffit d'une faible pression, les dessins sont particulièrement enchevêtrés, puis parviennent à constituer une nappe dont partent des filets orientés vers le pubis et vers les orifices inguinaux.

Membres supérieurs. — Au niveau du poignet, lignes dispersées en tous sens, principalement circulaires, faciles à faire apparaître.

A la face externe de l'avant-bras, placards à courts rayons, lents à se former.

Au pli du coude, injection facile, linéaments serrés, vite adossés, avec trajets s'irradiant au loin, quelques-uns montant parallèlement à l'axe du bras.

Au niveau de l'olécrane, les lignes superficielles sont

très fines, se localisent à quelques millimètres de l'aiguille, et, si la pression se prolonge, prennent un aspect moniliforme sans soulèvement de la couche profonde et sans extension du placard primitivement obtenu.

Région moyenne du bras. — Dessins parallèles avec quelques linéaments à distance, puis convergeant vers l'aisselle.

Membres intérieurs. — La région plantaire présente deux aspects différents : la zone antérieure, sous métatarsienne s'injecte par une seule piqûre ; les dessins représentent une série de lignes courbes parallèles, qui s'infléchissent au niveau des plis des orteils et viennent gagner les bords du pied. Ces lignes sont très serrées et très faciles à faire apparaître.

La zone postérieure est d'une pénétration plus lente, et les trajets métalliques s'étendent à moins longue distance.

Sur le cou-de-pied, les lignes sont verticales et s'adossent mal ; lorsqu'on force la pression, les lignes s'allongent en hauteur mais ne forment pas un placard complet.

Au-dessous de la rotule et à son niveau, l'injection est limitée à des espaces étroits avec lignes très fines, qui, peu à peu, se joignent, pourvu que la pression soit prolongée.

Au niveau du creux poplité, il faut répéter les foyers d'injection pour couvrir la face profonde de la peau, une grande partie du métal injecté s'accumulant dans la région profonde.

Au niveau de la cuisse, disposition étoilée, plus facile à réaliser à la face interne. La face externe exige une pression plus forte, pour n'obtenir que des étendues moindres de pénétration.

Le pli inguinal présente un intérêt spécial. C'est à son niveau que nous avons observé au plus haut degré, la différence de perméabilité pouvant exister entre deux zones voisines.

Ce fut sur un fœtus de 7 mois que l'épreuve fut démonstrative. Des injections de mercure furent pratiquées de proche en proche le long d'une ligne verticale passant par l'épine iliaque antéro-supérieure. Toutes les piqûres n'obtenaient qu'une pénétration lente et pénible ne dépassant pas une surface supérieure à 2 centimètres carrés. Lorsque l'aiguille vint atteindre le bord externe du triangle de Scarpa, l'injection se développa brusquement suivant une bande parallèle à l'arcade de Fallope, dessinant une série de linéaments, vite adossés les uns aux autres.

Ce sont précisément les espaces ainsi dessinés qu'on reconnaît comme les zones préférencielles des toxidermies.

Ce fait autorise à rapporter au réseau lymphatique la cause déterminante de ces localisations.

A cet égard, l'injection du pli rétro-auriculaire est aussi probante ; elle s'établit d'un seul coup, dès qu'on aborde une de ses extrémités, alors que les tissus voisins résistent à la pénétration du mercure. De même que le pli de l'aine, la région rétro-auriculaire est fréquemment le siège d'eczéma aigu, au cours des états toxiques ou toxiniques.

Les conclusions qui résultent des faits précédents peuvent se résumer ainsi.

L'épiderme présente dans toute son étendue des espaces inter-cellulaires capables d'être injectés au mercure. Ces espaces sont les premières voies de circulation de la lymphe ; ils offrent de grandes variétés dans leur perméabilité. Entre le bord libre de l'oreille où l'injection est presque nulle, et le pli inguinal où elle se réalise d'un seul coup sous faible pression, il existe tous les degrés intermédiaires.

On peut observer une analogie évidente entre les régions de libre circulation épidermique, et celles qui présentent la plus grande richesse de troncs collecteurs, décrits dans les traités classiques d'anatomie.

Cependant, il faut séparer la couche de Malpighi des vaisseaux lymphatiques profonds. Il est logique que les voies d'excrétion soient plus nombreuses à proximité des zones de sécrétion plus abondantes.

La glande lymphatique est continue, occupant toute l'étendue du corps muqueux, avec une épaisseur plus grande de réseau dans les zones de flexion que dans les zones d'extension ; elle possède partout cette faculté si remarquable de s'occlure spontanément sous l'action d'une cause irritante, faculté qui relève d'une vitalité supérieure et d'une sensibilité unique.

On peut se rendre compte que la disposition des régions particulièrement perméables correspond exactement aux localisations des toxidermies aiguës ; celles des régions peu perméables sont le siège de choix des toxidermies lentes (psoriasis).

Ainsi peut-on se rendre compte que, au niveau des

régions ganglionnaires (voir les injections les plus fines de réseaux lymphatiques sous-cutanés, dues au professeur SAPPEY, au musée Orfila), les trajets lymphatiques dessinent, soit dans le triangle de Scarpa des lignes parallèles aux vaisseaux sanguins, ou bien présenteront, le long du sterno-mastoïdien, une disposition analogue derrière le pli de l'oreille.

Au contraire, les zones de grande perméabilité que nous avons signalées, correspondent exactement comme forme et comme étendue aux régions eczémateuses. Au pli inguinal, la surface sensible constitue une bande parallèle à l'arcade de Fallope ; près de l'oreille, c'est le pli rétro-auriculaire, seul, qui sera atteint, lors de décharges toxiniques, au cours d'une tuberculose.

Du reste, dans les toxidermies le réseau profond et le plan ganglionnaire restent longtemps indifférents à l'inflammation épidermique.

C'est même un fait surprenant de voir évoluer, pendant un délai parfois prolongé, un eczéma aigu, sans qu'il apparaisse de troubles lymphangitiques ou d'adénopathies, même lorsque des éléments cocciques se sont implantés à la surface de la peau eczémateuse.

Si une piqûre faisait pénétrer ces coccis sous le derme, on verrait éclater une lymphangite, de la fièvre, et la porte serait ouverte au phlegmon.

Il est constant, tant que la lésion reste limitée aux couches du corps muqueux, que la zone profonde reste indemne.

C'est bien là une preuve de l'autonomie de l'épiderme et de sa puissance de réaction locale, constituant une sorte de nappe protectrice.

Nous devons ajouter que chez l'adulte, il semble s'établir une différenciation entre les couches successives, depuis le s. lucidum jusqu'au s. germinativum. C'est lorsque l'injection atteint la région profonde, que les trajets linéaires apparaissent autour du foyer ; dans les couches superficielles les dessins métalliques se bornent à contourner les cellules.

Quoi qu'il en soit, il existe une évolution du corps muqueux, qui, depuis l'instant où il est constitué en glande lymphatique, se modifie avec l'âge.

La sensibilité de cet organe est telle, qu'on le trouve le plus souvent altéré, dans les examens « post mortem ».

Aussi l'étude de la glande lymphatique doit-elle chercher de nouveaux documents dans son évolution pathologique, autant que dans les faits pathologiques.

Nous indiquons ici seulement les résultats de nos constatations personnelles, à titre d'indications générales, en ouvrant la voie à des recherches nouvelles.

Physiopathologie de la circulation lymphatique.

La période fœtale du septième mois environ est celle qui permet le mieux d'observer les variétés de disposition qui existent entre les régions diverses de la surface cutanée. La peau est mince et transparente, et cependant assez épaisse pour qu'on puisse y faire cheminer une aiguille sans atteindre la basale du derme. Le corps muqueux est donc bien constitué déjà. Les mêmes recherches étaient impossibles au sixième mois, le réseau veineux étant envahi à chaque piqûre.

On peut donc admettre que c'est entre ces deux périodes que la couche de Malpighi prend son développement.

A la naissance, chez l'enfant normal, la peau est déjà épaissie. Les couches de revêtement, stratum corneum verum et stratum disjunctum, sont assez opaques pour ne pas permettre de suivre sans raclage les dessins de l'injection ; si on tente d'abraser ces deux couches, on ouvre quelques-uns des espaces intercellulaires, et dès lors toute étude devient impossible. Cette disposition, défavorable aux recherches, dure pendant toute la première enfance.

On peut seulement se rendre compte que pendant les deux premières années de la vie, les espaces intercellulaires sont très vastes, et reçoivent une quantité considérable de mercure, dont on aperçoit les saillies moniliformes, formant des grains sombres sous la peau.

Le Docteur D'ASTROS (1) a formulé d'une manière heureuse l'attitude du corps muqueux en comparant la peau de l'enfant à une « éponge lymphatique ».

C'est bien là une attitude physiologique, attendu que le phénomène d'occlusion spontanée se manifeste dès cet âge. On peut contrôler aussi la résistance du réseau en l'injectant. On constate ainsi que, si on refoule le mercure sans retirer l'aiguille, on peut le faire diffluer au loin, et qu'une nouvelle quantité injectée reproduira, sans extravasation, le même type moniliforme qu'au début de l'expérience.

A l'examen radioscopique, on ne constate que des

(1) Dʳ D'ASTROS, *Congrès de Rouen*, 1904.

masses obscures, avec quelques trajets en chapelets
circonvoisins.

A mesure de la croissance, le corps muqueux décroît
lentement, et suit une évolution différente suivant le
sexe.

L'épiderme féminin est plus opaque et plus épais.
Cependant on peut observer chez la femme qui s'adonne
à des travaux rudes, un amincissement presque aussi
notable que chez l'homme.

Lors de la puberté, la peau s'établit telle qu'elle
devra persister désormais. L'âge lui fera perdre lentement son éclat, mais ne doit modifier ni son épaisseur, ni
sa souplesse.

Les attitudes qu'on rencontre sous forme d'embonpoint, ou de déformations régionales, sont d'origine
pathologique. L'accroissement d'épaisseur qu'on observe
lors de la ménopause correspond à une période d'altérations de la fonction lymphatique.

Ces altérations du corps muqueux peuvent se ramener
à un type constant : l'épaississement des tissus, avec
diminution des espaces libres intercellulaires.

L'analogie entre la peau puérile et la peau d'un
sujet frappé d'embonpoint n'est qu'apparente.

Chez l'enfant la lymphe est abondante et remplit
des espaces larges et très rapprochés. Dans l'embonpoint,
la lymphe ne circule que difficilement dans un réseau
rare, obstrué par l'épaississement muqueux des tissus.

On est ainsi amené à ne considérer l'état d'infiltration de la peau comme physiologique, que chez l'enfant.
Normalement, l'épiderme s'amincit à l'âge adulte et
tout épaississement ultérieur est pathologique.

Il n'est pas douteux qu'il existe des variétés nombreuses dans l'état du corps muqueux suivant le sexe et suivant les races humaines.

On ne peut actuellement résoudre la question à ce sujet.

On doit théoriquement admettre que le criterium pathologique de la glande lymphatique n'est pas fourni par son épaisseur ou son opacité, mais par la perméabilité des espaces intercellulaires.

La dispositon des couches du corps muqueux est certainement différente entre les blonds et les bruns ; à l'état normal, il doit exister, pour chaque type, un rapport constant entre les cellules épidermiques, le développement des filaments unitifs, et la perméabilité des espaces libres intercellulaires.

Toute lésion débute par l'infiltration intra-tissulaire de lymphe, avec réduction des espaces de circulation libre.

Il est difficile de reconnaître, par un seul examen, si cette circulation malpighienne est ralentie ou non.

Les seuls moyens actuels consistent à comparer entre elles les zones de flexion et les zones d'extension, qui ne s'altérent pas en même temps.

En s'exerçant, par le pincement de la peau, à distinguer les nuances individuelles, on peut assez promptement parvenir à reconnaître un état pathologique au début.

Il sera toutefois nécessaire de chercher à cet égard un critérium clinique plus précis.

Actuellement, on doit se contenter de savoir observer les épaississements importants, qui ont fait perdre à l'épiderme sa souplesse, et qui le bloquent sur les plans profonds.

On se rendra compte que, bien avant les états constitués de myxœdème et de sclérême, on peut être averti de l'altération de la glande lymphatique.

Il existe aussi des indications diverses, telles que la perte de l'élasticité du corps muqueux. Par exemple, un liquide injecté sous la peau d'un myxœdémateux refluera à travers le trajet de l'aiguille, au lieu de rester entièrement inclus comme dans la peau saine.

La différenciation la plus importante consistera à reconnaître la formation d'éléments conjonctifs au-dessous du corps muqueux.

Entre la pachydermie dont le type est le myxœdème, et les sclérodermies dont le type est l'éléphantiasis, il existe une différence fondamentale.

Dans le premier cas, le corps muqueux est accru de volume, la lymphe y circule difficilement, mais les voies d'excrétion sont perméables.

Dans le second cas, il s'est formé une lame fibreuse, parfois très dense, qui enserre les voies de communication profonde, et qui peuvent même obliger la lymphe à s'écouler au dehors.

Nous discuterons cette question plus loin, au sujet de l'éléphantiasis, à l'occasion de quelques constatations que nous avons pu faire sur des pièces fraîches d'amputation.

Nous pouvons déjà en indiquer quelques conclusions principales : les lésions des états pachydermiques et éléphantiasiques démontrent que les altérations sont sus-jacentes aux vaisseaux sanguins et ne dépassent que très tardivement la basale du derme.

Les processus sont différents suivant qu'une pénétration microbienne a provoqué de la phlébite et de la périphlébite lymphatiques, ou qu'il ne s'est produit qu'une tuméfaction d'origine chimique dans toute l'étendue de la glande malpighienne. Dans le premier cas, les lésions sont définitives ; dans le second, elles sont capables de se réparer d'une manière remarquablement prompte.

De plus, nous avons observé que les deux processus présentent le caractère commun de respecter les cellules du corps muqueux ; celles-ci ne sont pas modifiées d'une manière appréciable ; leur forme, leurs rapports, la coloration de leurs noyaux sont restés normaux dans les préparations histologiques.

(Il faut noter que les fragments prélevés étaient, après durcissement, très réduits de volume, et ne reproduisaient pas fidèlement l'attitude des tissus à l'état vivant).

Les filaments d'union étaient accrus de volume, et donnaient l'aspect de belles couronnes de perles autour de chaque cellule.

On est en droit de s'étonner qu'il existe aussi peu de lésions élémentaires, dans des régions où la peau a été si gravement altérée. Il est pourtant nécessaire qu'il en soit ainsi puisque, lorsque la cause morbide disparaît, les tissus sont capables de récupérer en quelques jours leur intégrité.

On peut en conclure que les filaments d'union, en subissant ces variations énormes de volume, ne font qu'accomplir une fonction qui leur est propre, à la manière de cellules glandulaires, et telle que RANVIER l'a observé, en les voyant se gonfler en présence des acides et des alcalis.

Nous avons ainsi des preuves multiples, toutes concordantes, qui démontrent l'existence d'un élément indépendant, organisé entre la couche cornée de la peau et la base du derme, d'une vitalité assez puissante pour établir, dans cet espace étroit, une série de phénomènes réactionnels, étroitement liés à la défense antitoxique de l'organisme ; nous avons vu l'activité vitale s'y conserver plus d'une heure après la mort.

Ce sont là des raisons plus que suffisantes pour fixer l'attention. Entre les cellules épidermiques qui ne paraissent pas présenter de caractère spécial, et les filaments d'union dont la nature reste encore inconnue, l'intérêt doit se porter sur ceux-ci.

Leur nature occupe encore actuellement l'activité des histologistes. Ramon CAJAL les rattache au tissu conjonctif non collagène ; il a découvert la présence de filaments analogues dans tout l'organisme, notamment dans les fibres de Purkinje.

Nous les considérons surtout au point de vue physiologique, en cherchant à mieux connaître le phénomène d'occlusion spontanée.

Nous verrons plus loin, en étudiant la fonction antitoxique du foie que GERAUDEL a reconnu, précisément, aux fibrilles radiées de la cellule hépatique, des caractères particuliers, qui les séparent du tissu conjonctif glissonien, et qui présentent, à l'égard des substances toxiques, une réaction analogue à celle des filaments d'union.

Nous demeurons convaincus que c'est la trame

établie par les ponts de passage du corps muqueux, qui constitue l'élément primordial de la sécrétion de la lymphe, et qu'elle est la base de la défense antitoxique de l'organisme.

Nous apporterons à cette thèse de nouvelles preuves, d'après les caractères de la lymphe, le mécanisme de formation des lésions toxiques de la peau, et d'après leurs rapports avec les glandes endocrines.

LA LYMPHE

La lymphe, bien connue des physiologistes, est ignorée des cliniciens, comme entité vitale.

Nous en rapellerons d'abord les principaux caractères.

Volume. — La quantité de volume sécrétée est évaluée différemment suivant les auteurs. Karl Schmidt, qui lui attribuait en 24 heures un volume égal à celui du sang, y comprenait le chyle.

Or nous ne considérerons ici que le liquide sécrété par la glande cutanée. D'autres auteurs (Landois) admettent comme une surproduction de lymphe, le liquide des œdèmes survenant après la ligature d'un membre (1).

C'est encore là une interprétation inexacte des faits : les œdèmes mous, dépressibles, sont dus à la filtration mécanique du sérum sanguin à travers les vaisseaux ; le liquide se répand à travers les mailles conjonctives du tissu cellulaire.

(1) Landois, *Traité de Physiologie.* Trad. Moquin-Tandon, p. 362.

Cet œdème n'a aucun rapport avec l'hypersécrétion de la lymphe, qui donne naissance à l'œdème dur, tout au moins à un œdème élastique, dont le godet s'efface immédiatement après qu'on cesse d'appuyer le doigt.

La quantité de lymphe, sécrétée par la glande, ne peut être estimée que par le produit des fistules lymphatiques. GUBLER et QUEVENNE ont observé le chiffre de 6 kilogrammes, pour 24 heures, de lymphe fournie par une fistule de la cuisse.

Dans un cas personnel (section d'un tronc lymphatique du pli du coude par coup de serpe, chez un jardinier), nous avons suivi pendant deux semaines l'écoulement continu de la lymphe par la plaie, vite réduite à un simple trajet fistuleux ; nous pouvons estimer de 600 à 800 grammes environ la perte quotidienne ; moindre pendant le sommeil, elle s'accroissait dans la journée, et principalement au cours de toute forme d'activité ou d'excitation nerveuse. La quantité sécrétée variait notablement suivant l'état du repos ou de mouvement.

Ces constatations sont conformes aux conclusions des physiologistes, qui considèrent la production de la lymphe comme soumise : 1º aux mouvements musculaires, 2º aux actions vaso-dilatatrices.

Composition chimique. — Il est inutile de reproduire ici le tableau comparatif de la constitution chimique de la lymphe et du sérum du sang. La lymphe se coagule moins vite (le fibrinogène étant diminué d'un tiers) moins riche en albumine. Son alcalinité est diminuée.

Ce dernier fait est important à retenir. Il faut 0 gr. 35

d'acide lactique pour neutraliser 100 grammes de lymphe, et 0 gr. 50 pour 100 grammes de sérum.

Aussi peut-on vérifier facilement la qualité de la lymphe par ce procédé. On se sert d'une solution aqueuse d'acide lactique à 0 gr. 35 % ; si on a recueilli dix gouttes de sérosité, il suffira de 10 gouttes de solution lactique pour neutraliser l'acalinité, si c'est de la lymphe ; en ce cas une ou deux gouttes de plus feront virer le tournesol au rose. Il faudra plus de 15 gouttes s'il s'agit de sérum sanguin.

Caractères antitoxiques. — Heidenhain avait reconnu que les particules de cinabre injectées dans le sang émigrent toutes dans la lymphe.

Un poison injecté se trouvera plus abondant dans la lymphe que dans le sang. LUDWIG et TOMSA déclarent que les produits de désassimilation sont recueillis par la lymphe.

Il ne s'ensuit pas, parce que des principes toxiques sont entraînés par la lymphe, que l'on soit en droit de lui attribuer le pouvoir de les détruire, ni par conséquent d'accorder à la glande lymphatique une place de premier rang comme organe antitoxique.

Le professeur BIER, dans son ouvrage sur l'hyperémie, apporte des documents sur la destrution des poisons dans les tissus. Il rappelle les expériences de CZYLHARZ et DONATH sur la tolérance de doses mortelles de cocaïne, supportées grâce à la ligature du membre au-dessus du foyer d'injection.

Il a observé le même fait pour une injection de tuberculine.

Toutefois il attribue au sérum sanguin le rôle antitoxique. Il résulte de sa discussion, très documentée, qu'il existe réellement une destruction de toxines.

Il cite l'épreuve de KLEINE (1) voyant apparaître dans l'urine la réaction du bleu de Prusse après injection de ferro-cyanure de potassium pratiquée au-dessous d'une ligature serrée. Il pense que, dans ce cas, le ferro-cyanure passait par le tissu osseux. Il en rapproche l'expérience de KOHLHART (2), injectant des doses massives de cocaïne, devenues inoffensives si la ligature était maintenue pendant une heure.

Il est utile d'autre part de retenir, d'après les nombreuses expériences citées dans divers ouvrages, et pratiquées par PASCHUTIN, LUDWIG, COHNHEIM et leurs élèves, que la circulation lymphatique est très indépendante de celle du sang, et qu'elle peut se ralentir alors que l'hyperémie sanguine est considérablement accrue.

BIER conclut ainsi : « Tout bien considéré, il semble ressortir de ces expériences que les tissus vivants peuvent annihiler les poisons qu'on y fait pénétrer ; c'est là un processus vital encore inconnu. »

Il reste à déterminer auquel des deux éléments, sérum sanguin ou plasma lymphatique, il faut accorder cette puissance antitoxique.

On peut admettre qu'elle appartient aux deux éléments ; toutefois nous verrons que la lymphe la

(1) KLEINE, 1901 : *Zeitschrift f. Hygienne (Suf. Krankh)*.

(2) KOHLHART, 1901 : *Verhaudl. d. Deutsch. Genell. f. Chirurg.*

possède tout particulièrement, et que la glande lymphatique paraît devoir assurer, par destination, le rôle de recueillir, puis de détruire les poisons solubles.

CARACTÈRES ANTITOXIQUES
de la GLANDE LYMPHATIQUE en GÉNÉRAL

Les documents précédents prouvent que les plasmas sanguin et lymphatique possèdent un pouvoir antitoxique.

Aucune expérience physiologique formelle n'a encore déterminé si l'un d'eux est supérieur à l'autre.

L'observation clinique apporte toutefois des indications en faveur de la lymphe. Il est un moyen de savoir si un tissu contribue à la défense de l'organisme : c'est d'observer ce qui se passe lorsqu'il est soumis à une excitation vive.

Si l'état général en est amélioré, c'est une preuve que la fonction est utile et active ; si l'état général reste identique ou s'aggrave, la fonction est passive.

Appliquons respectivement ce raisonnement au sérum sanguin et à la sécrétion glandulaire du corps muqueux. Nous voyons bien la toxicité du sérum accompagner les grandes infections, et suivre le processus inflammatoire. L'intensité de la fièvre est en rapport direct de la réaction sérique ; il en est de même de la tuméfaction des organes hématopoïétiques.

Au contraire, les lésions de l'épiderme sont en raison inverse de la gravité de l'état général.

Un très ancien principe de clinique établit que, dans les fièvres éruptives, le pronostic est favorable si l'éruption est intense, et qu'au contraire il y a lieu de faire toutes réserves si l'éruption est lente ou nulle. On connaît la gravité des scarlatines frustes, la violence des complications pulmonaires dans les rougeoles « mal sorties ».

Les grandes éruptions cutanées, au cours des états graves, sont considérées aussi favorables que les grandes débâcles urinaires. Ce sont des « crises salutaires », non seulement dans les cas infectieux, mais dans les intoxications.

On pourrait en trouver de nombreux exemples.

Les historiens qui ont commenté la maladie de César BORGIA, empoisonné par le vin qu'il destinait à des cardinaux, déclarent que la dose eût été mortelle pour tout autre, et qu'il fut sauvé par une éruption effrayante, survenue après qu'il eut été enveloppé dans la peau d'un taureau appliquée encore chaude.

Toute l'étude des grandes dermatoses généralisées démontre avec quelle facilité l'organisme supporte des altérations étendues de la peau. Qui de nous n'a pas été surpris de constater la conservation d'un bon état général, malgré une dermite étendue à tout le corps, et d'une très longue durée ?

Nul organe ne peut être à cet égard mis en parallèle avec la peau. C'est bien là une preuve absolue que l'épiderme possède une fonction dont l'irritation est favorable à l'individu.

La contre-épreuve est facile à rencontrer. Lorsque

la glande lymphatique s'épuise, et que la réaction s'atténue, on assiste aux accidents viscéraux qui suivent les « éruptions rentrées ».

Quel organe supporterait les méthodes de « révulsion », telles qu'on en applique sans crainte au niveau de la peau, sans que l'état général en fût altéré ?

De plus ces révulsifs n'agissent qu'autant que l'épiderme n'en sera que partiellement altéré. Dans le cas d'une brûlure étendue, diminuant la sécrétion de la lymphe d'une manière notable, la mort est inévitable (1).

Si on examine à cet égard les sujets dont les éruptions sont muettes, on constatera que la peau était épaissie, en état plus ou moins fruste de myxœdème ; la défense antitoxique était chez eux déficitaire, et les accidents morbides ont été plus graves.

Quel que soit le point de vue auquel on se place, on peut toujours observer : 1° que l'intégrité de l'épiderme est en rapport constant avec le degré de santé et de résistance physique ; 2° que les lésions qui irritent, sans la détruire, la couche de Malpighi, ne portent pas atteinte aux fonctions viscérales ; 3° qu'au contraire chaque fois qu'il existe une modification profonde (myxœdème) du corps muqueux, la santé est profondément troublée ; 4° que toutes les irritations qui ont pour conséquence d'exciter la sécrétion malpighienne sont salutaires (frictions, massages, etc.) ; 5° que

---

(1) La théorie qui attribue la mort, dans les brûlures vastes, à l'arrêt de la respiration cutanée, peut être discutée : nous avons eu la preuve qu'un de nos plus grands coureurs cyclistes, F..., a pu rester un mois, et accomplir le tour de France, ayant tout le corps enduit d'huile minérale, appliquée au départ de Paris.

lorsque la peau est normale, toute intoxication s'y manifeste par une réaction, soit légère (telle que l'urticaire), soit plus vive (telle que les vésicules ou les bulles dont le contenu est d'abord fourni par la lymphe).

On peut conclure que la peau possède une fonction de défense, et que cette fonction est assurée par la sécrétion intra-épidermique de la lymphe, plasma antitoxique.

Une dernière preuve est fournie par l'opothérapie.

Déjà les Docteurs FAIVRE et DELAUNAY de Poitiers ont signalé les résultats thérapeutiques utiles obtenus par les extraits de peau ; les détails de leurs recherches sont développés dans la thèse de GAUDICHARD (1).

Toutefois, ils ne cherchaient qu'à modifier les dermatoses et à combattre le prurit.

La pratique médicale en Chine fait, dit-on, usage des extraits de peau de chèvre contre la tuberculose.

Nous avons fréquemment eu recours à des extraits de peau, comme antitoxique, avec un succès aussi manifeste qu'avec les extraits hépatiques.

RELATIONS de la GLANDE LYMPHATIQUE AVEC LES DERMATOSES

L'analyse des caractères cliniques observés en dermatologie permet d'établir une relation constante entre les types divers de toxidermies et la disposition anatomique de la circulation lymphatique.

C'est, en effet, suivant que cette circulation est plus

(1) GAUDICHARD, Th. Bordeaux : *Les extraits de peau*, 1905.

ou moins active, qu'on observe une différenciation importante entre les zones de flexion des membres et leurs zones d'entension.

Nous avons constaté ces variations de circulation, en tenant compte de la difficulté plus ou moins grande de réaliser l'injection métallique du réseau lymphatique.

On peut en indiquer trois degrés ; l'un de perméabilité extrême, dont le prototype est le pli inguinal ; la région du pli du coude, la paroi antérieure de l'aisselle, le pli rétroauriculaire peuvent lui être comparés.

Le second, encore facile à injecter, mais à foyers restreints, tel que les lèvres, le cuir chevelu, la région sus-pubienne, la région plantaire.

Le troisième, d'une extrême difficulté, observé à la face externe de la cuisse, à la face externe du bras, au niveau du coude et du genou.

Ce sont là des variations régionales qui ne sont pas indifférentes aux dermatologistes, dont un des principaux éléments de diagnostic est fourni par les localisations des lésions.

Notre regretté maître, le Docteur DU CASTEL, avait coutume d'insister sur cette question, qui le préoccupait à un haut degré. Il cherchait une raison d'être, qui lui parût logique, à ces localisations morbides, dont les zones restaient invariables.

L'avènement de l'antipyrine, avec ses éruptions situées aux mêmes points chez le même sujet, apporta son appoint d'intérêt à l'étiologie des foyers préférentiels.

Les tissus profonds sont partout les mêmes. Le tissu cellulaire ne présente pas de modalité variable suivant les régions. Seule la circulation lymphatique malpighienne est différente.

Si l'on étudie les relations qu'elle présente avec les caractères des toxidermies, les documents deviennent si nombreux que la certitude s'impose vite.

Les localisations des lésions de la peau sont uniquement dues aux modifications survenues au niveau des lymphatiques malpighiens, sous l'influence des états toxiques de l'organisme.

Pour concevoir clairement les divers degrés de réaction de la peau suivant les régions considérées, il faut poser le double principe qui caractérise la glande malpighienne : sa sensibilité aux substances solubles irritantes ; sa capacité antitoxique.

Plus la glande sera active, plus elle sera sensible aux poisons et plus vite elle sera capable de les détruire. Lorsqu'une forte dose de substance toxique pénétrera brutalement dans l'organisme, elle affluera d'abord dans les zones de circulation rapide, et y déterminera un érythème violent, une vésiculation. Mais la substance y sera promptement détruite.

Si elle est injectée dans le sang, elle se disperse partout, et provoque l'urticaire généralisée. Si au contraire il s'agit d'une toxine lentement déversée, les régions de rapide circulation lymphatique restent indemnes, le principe nocif s'y détruisant à mesure de son passage ; tandis que les zones de circulation ralentie subissent une action irritante, lente et prolongée, dont l'épiderme subit l'influence, et présente une série d'altérations dont le type principal est le psoriasis.

L'action lente et permanente des actions toxiques

ou toxiniques, si elle se produit durant un long espace de temps, peut provoquer auussi des lésions d'infiltration en nappe, du genre myxœdème. Il existe des modalités variables suivant les sujets et suivant la nature de l'activité toxique.

Les lésions que nous venons de prendre comme exemples fournissent seulement les indications générales.

Il est nécesaire de reprendre en détail les multiples altérations de la glande lymphatique : celles-ci doivent être étudiées à deux points de vue; d'une part celles qui procèdent d'action physique ou expérimentale, d'autre part celles qui relèvent de la pathologie.

Les lésions se limitent à la zone malpighienne qui paraît constamment distincte des troncs collecteurs.

Les lésions de la peau dans leurs relations avec la glande lymphatique.

On peut étudier le jeu de la glande lymphatique en observant les lésions produites par l'action de la chaleur, ou par l'action de rayons Rœntgen ou par l'action d'un élément vésicant.

Action de la chaleur. — Le premier degré de brûlure ne paraît pas altérer la glande lymphatique. La circulation sanguine est activée, mais on n'observe pas de modifications de la couche dermo-épidermique.

Le deuxième degré intéresse spécialement la glande lymphatique ; la formation des bulles doit lui être attribuée et ne provient pas du sérum sanguin. Il faut qu'en certains points, la lésion ait été très profonde pour que le sérum se mélange à la lymphe; en ce cas il s'est produit une extravasation sanguine qui donne au liquide des phlyctènes une coloration rosée.

La phlyctène déterminée par une brûlure du deuxième degré est constituée par de la lymphe. Un rapide contrôle de l'alcalinité suffit à le démontrer.

Le troisième degré de brûlure comporte l'eschare sèche, par suite de la destruction de la glande lymphatique au niveau de l'action calorifique. Le fait se constate aisément au thermocautère.

L'eschare met à nu la zone des vaisseaux sanguins dont on voit le granité rouge.

Signes cadavériques. — Il existe à cet égard une différence très nette entre les tissus vivants et les tissus post-mortem.

Si on examine les eschares produites par les pointes de feu, appliquées avec des degrés divers d'incandescence, on verra chez le vivant que celles obtenues au rouge sombre sont humides sous la lamelle épidermique incomplètement détruite. Celles obtenues au rouge blanc sont entièrement sèches, et découvrent les houppes vasculaires des papilles dermiques.

Dans le premier cas, le corps muqueux n'a pas été complètement détruit et sécrète un peu de lymphe.

Dans le second cas, il ne peut se produire de lymphe, et le sérum sanguin n'apparaît pas, bien que le réseau soit à découvert. Si la cautérisation est plus intense, c'est le sang qui apparaît et non pas le sérum.

Les régions voisines sont indemnes et l'épiderme n'y est pas modifié.

Sur le cadavre il en est autrement. Il faut toutefois tenir compte de l'heure exacte de la mort.

Dans la première heure, et parfois même pendant plusieurs heures (1) les eschares peuvent rester humides ; ceci constitue une preuve de vitalité de la sécrétion de la lymphe après la mort, et de l'intégrité de la couche de Malpighi.

C'est à la même origine qu'il faut attribuer le plissement spécial de l'épiderme autour du foyer de brûlure. On sait que sur le cadavre, l'eschare sèche forme le centre de rayons très fins dessinés par la rétraction de la peau, formant des plis en lignes divergentes.

L'eschare sèche ne saurait être, seule, une preuve de la mort ; elle démontre seulement que le corps muqueux de Malpighi est devenu scléreux et ne peut plus sécréter la lymphe.

L'observation suivante en donne une preuve.

Une jeune fille de 20 ans, hérédo-syphilitique, présente à la jambe plusieurs placards scléreux dont six forment de véritables cornes saillantes, atteignant jusque 3 ou 4 centimètres de hauteur. Ces placards sont entourés d'une base indurée de sclérême, qui va décroissant jusqu'aux zones voisines, d'aspect à peu près normal, si ce n'est une épaisseur exagérée de la peau sur toute la longueur de la jambe.

(1) Dans un seul cas j'ai observé le fait suivant : chez une jeune fille de 24 ans, sujette à des crises d'hystérie, frappée de mort subite, j'ai constaté l'humidité des eschares pendant plus de cinq heures après la mort.

Le traitement pratiqué ayant consisté en pointes de feu, il fut manifeste que dans toutes les zones de sclérème qui entouraient les plaques cornées, le foyer d'igni-puncture s'entourait de rayons formés par le plissement épidermique.

A mesure que l'amélioration vint à se produire (le traitement spécifique général ayant été institué déjà) les pointes de feu cessèrent peu à peu de provoquer le plissement de la peau. En même temps, l'infiltration de la peau allait décroissant, et la « restitutio ad integrum) se réalisait.

Les cornes cutanées ne gardèrent plus que l'aspect de nœvi vasculaires, et l'épiderme récupéra une souplesse presque normale. Cette observation démontre que les plis radiés de la peau, provoqués par l'action du thermocautère, peuvent exister chez le vivant, lorsque la couche du corps muqueux est altérée au point de cesser toute sécrétion de la lymphe ; elle prouve aussi que quelque graves qu'elles aient été, ces altérations peuvent se réparer.

Action des vésicants. — Lorsqu'on provoque une vésication par la pâte de cantharides, c'est la lymphe qui constitue le liquide de la bulle.

Action de rayons X. — Une application prolongée de rayons Roentgen détruit la glande lymphatique, et la lame cornée se trouve accolée à la couche génératrice du derme. On voit par transparence les vaisseaux capillaires sanguins.

Toute brûlure à ce niveau reste sèche et ne met à

nu qu'une surface saignante sans formation de vésicules
ou de bulles. Les lésions persistantes de la peau au
niveau des radiodermites paraissent procéder de l'altération ou de la suppression de la couche malpighienne.

Ainsi les vésicules sont remplies de lymphe, et ne
peuvent se former que grâce à l'intégrité du corps
muqueux. On trouve dans l'ouvrage du professeur BIER
sur l'hyperémie une longue documentation sur le rôle
de la circulation lymphatique comparée à la circulation
sanguine.

Les faits qu'il apporte concernent surtout l'élimination des substances injectées dans les tissus. Quant
à la formation des épanchements séreux, collectés ou
infiltrés, il ne conclut pas. Il se contente de combattre
l'opinion d'EMMINGHANS qui considérait qu'il n'y a
aucune différence entre la lymphe et le liquide d'œdème,
d'hydropisie, d'anasarque, d'hydrothorax et d'ascite.

Cette question est trop vaste pour être discutée ici.
Les œdèmes durs des tissus sont les seuls qui se rattachent
au fonctionnement de la glande lymphatique.

Or il existe trois degrés d'œdème ; deux sont bien
connus : l'un, l'œdème mou, dépressible, conservant pendant un temps prolongé l'empreinte du doigt, qui procède
de l'extravasation du sérum sanguin à travers les parois
des capillaires, et de l'inondation du tissu cellulaire.

L'autre, l'œdème dur, le sclérême, non dépressible,
qui commence à l'épaississement de la peau et dont le
terme extrême est l'éléphantiasis; il appartient à l'hypersécrétion de la couche de Malpighi et relève de la glande
lymphatique.

Il existe un degré intermédiaire, peu étudié jusqu'ici, l'*oedème élastique*. Je l'ai constaté au cours d'états toxiques graves, d'origine gastro-intestinale, chez des sujets dont l'insuffisance hépatique était manifeste. Cet œdème se caractérise par le retour immédiat de la peau au niveau normal, bien qu'elle se fût laissé déprimer profondément à la pression (1).

L'œdème élastique doit être attribué à la glande lymphatique. En effet cette singulière attitude des tissus ne peut se produire que s'il existe une accumulation liquide en espace clos sous une faible tension.

Il semble que ce soit là un processus précédant le sclérême prochain, et plus tard l'état éléphantiasique.

Toutefois cet œdème élastique est rare ; l'œdème dépressible est bien connu de tous les praticiens.

L'*oedème dur* l'est beaucoup moins. Il n'attire l'attention que lorsqu'il déforme les tissus, et mérite le nom de sclérême, de sclérodermie ou de myxœdème. Ce ne sont pourtant là que des phénomènes tardifs, précédés depuis longtemps d'épaississement de la peau.

On a tort de ne pas en tenir compte. Non seulement l'épiderme a perdu sa souplesse, et ne peut plus se laisser pincer entre deux doigts, mais il peut être douloureux à la pression, ou aux moindres chocs, sans qu'on songe à considérer ce fait comme anormal.

C'est pourtant là preuve d'un état toxique général ; prémonitoires du myxœdème en évolution. Ici nous

____

(1) Dans une observation du Docteur APERT, à l'Hop. Audral, le terme d'œdème élastique est bien précisé. Il procédait d'un début de myxœdème, d'origine toxique.

retrouvons les variations régionales. La sensibilité douloureuse de l'épiderme se constatera aux régions de faible sécrétion lymphatique (face postérieure des bras, région externe de la cuisse), alors que les zones internes seront restées indolentes.

Si on cherche la cause toxique ou toxinique, on la trouve toujours ; on découvre ou bien l'insuffisance d'activité du foie et la présence de fermentations gastro-intestinales, ou une tuberculose latente, ou une influence paludéenne, etc.

On peut même préciser ainsi les périodes de crises, une poussée microbienne déterminant la sensibilité douloureuse de la peau du bras. Toute décharge toxique peut agir de même. Ce signe, trop longtemps dédaigné, est déjà grave, et n'apparaît que chez des sujets dont la glande lymphatique est sensibilisée. L'état douloureux ne survient en effet que longtemeps après le premier degré d'épaississement malpighien.

Une formule manque toutefois pour préciser ce « premier degré », qu'il serait si important de connaître. On ne peut s'en tenir qu'au jugement approximatif que donne la sensation du pincement.

Cette méthode, depuis si longtemps appliquée aux animaux, a suffi jusqu'ici aux vétérinaires et aux cultivateurs pour apprécier l'état de santé du bétail.

Nous trouverons aussi, dans les réactions du corps muqueux, des indications précieuses, qui éclairent le mécanisme de formation des lésions élémentaires de la peau, papules, vésicules, bulles.

Nous devons les examiner d'abord.

La Papule.

La papule résulte d'un épaississement localisé de l'épiderme. L'urticaire en constitue le type le plus précis. Sa pâleur, son apparition soudaine, sa disparition rapide s'expliquent difficilement par une action vasomotrice.

Trois causes y donnent naissance : l'action chimique venue du dehors (piqûre d'ortie, de parasites, etc.) ; les substances toxiques ingérées (empoisonnement par les moules) ; l'action traumatique (piqûre d'aiguille).

Ce sont les mêmes causes qui, ainsi que nous l'avons vu précédemment, provoquent l'accroissement de volume des filaments d'union.

Au point de vue histologique, le caractère essentiel est l'acanthose et l'hyperacanthose.

On peut admettre ainsi que la papule est due à l'épaississement des filaments d'union, soumis à une irritation locale.

Nous ne devons pas appliquer la même interprétation à toutes les lésions papuleuses, leur nature et leurs caractères étant très variés.

Ce mécanisme paraît exact pour les éruptions d'origine toxique et procéder d'une réaction des éléments glandulaires de la lymphe. Le phénomène se bornerait à la sécrétion intra-tissulaire, qui gonfle de suc lymphatique les filaments d'union.

L'action des substances toxiques, soit qu'elles aient pénétré par piqûre d'insecte, ou qu'elles viennent du sang, est la cause la plus commune de l'urticaire. On ne doit pas négliger la papule traumatique, à laquelle se rattache la question du dermographisme.

C'est une question jusqu'ici bien obscure, et qui pourrait s'expliquer par l'hypersensibilité des éléments lymphatiques.

Il y a vraisemblablement un type normal de réaction papuleuse de la peau, sous l'influence d'une irritation chimique ou mécanique, qui correspond à l'état de santé.

L'absence de réaction urticariante paraît l'indice d'une diminution de la sensibilité normale et d'une altération de la glande lymphatique.

L'état dermographique implique une hyperesthésie qui doit être due à une sensibilisation préalable d'origine toxique.

Cette interprétation n'est contredite ni par les faits cliniques, ni par les principes de l'anaphylaxie.

Le prurigo semble appartenir aux lésions du corps muqueux, mais avec participation des houppes vasculo-sanguines sous-jacentes ; les papules saignent facilement au grattage. Leur formation première ressemble à celles de l'urticaire, avec une plus grande profondeur de pénétration, qui s'étend jusqu'au delà de la basale du derme, et fait adhérer en bloc toute la hauteur de l'épiderme jusqu'aux papilles inclusivement.

Le prurigo de HÉBRA est une lésion d'origine toxinique, longtemps traitée par l'huile de foie de morue, et qui s'améliore notablement par l'ingestion d'extraits opothérapiques de foie ou de peau.

Les autres lésions papuleuses de la peau, en particulier

la kératose pilaire, paraît relever du système pilaire seul. Cependant les localisations préférentielles sont les mêmes que les lésions purement lymphatiques, alors que les régions voisines, cependant riches en éléments pilaires, restent indemnes. On peut aussi constater que la kératose pilaire apparaît toujours sur une nappe épidermique déjà épaissie.

Il en est de même pour la maladie de DEVERGIE, qui procède d'une origine toxinique (toxi-tuberculides ou toxi-syphilides) ; elle comporte une altération de la couche de Malpighi.

L'influence de celle-ci, dans la formation des papules de kératose ou de la peau ansérine, peut du reste n'être qu'indirecte, et préparer, par suite d'une nutrition insuffisante de la peau, l'altération des éléments pilaires et des annexes sébacées.

D'autres lésions, telles que lichen ruber planus, le lichen distribué suivant une branche nerveuse, ne peuvent s'assimiler à l'urticaire papuleuse, qui reste le prototype de la réaction initiale de l'élément lymphatique.

Ichtyose.

L'ichtyose paraît nettement résulter de l'altération du corps muqueux. Ses degrés d'intensité sont multiples, et marquent toutes les étapes pathologiques de la glande lymphatique.

Il n'est pas actuellement question d'en discuter l'étiologie, dont la syphilis prend la plus large part. Il suffit d'en signaler les divers aspects.

L'ichtyose peut exister dès la vie fœtale, bien que THIBIERGE ait considéré cette forme comme une entité morbide isolée ; celle-ci se caractériserait par un épaississement considérable de l'épiderme, déformant la face et les membres, etc....

Le fait le plus intéressant de cette forme fœtale consiste en ce qu'elle seule présente des lésions au niveau des plis de flexion, alors que l'ichtyose apparue après la naissance respecte toujours ces régions.

Or les plis de flexion montrent chez le fœtus ainsi atteint « des productions épaisses mamelonnées verruciformes en séries linéaires ».

Nous avons déjà constaté cette différence entre les injections lymphatiques du fœtus et celles de l'adulte ; dans les premières seulement, on observe des trajets parallèles au niveau des zones de flexion. On trouve rarement après la naissance ces longs dessins.

L'évolution des filaments d'union n'est pas encore assez avancée pour qu'ils créent la segmentation des espaces intercellulaires.

Toutefois on retrouve dans les formes adultes de l'ichtyose des figurations régionales qui rappelent le type fœtal. Ainsi la pièce 224 du musée de Saint-Louis (fournie par HILLAIRET) qui représente le coude d'un ichthyosique de 12 ans, dessine exactement la disposition des trajets injectés chez le fœtus de 7 mois (1).

Ne faudrait-il pas conclure que les filaments d'union en sont absents, ou du moins qu'ils n'ont pas atteint

____

(1) HALLOPEAU et LEREDDE : *Traité pratique de Dermatologie*, 1900.

leur dernier stade de développement, attendu qu'à l'âge de 12 ans, on ne peut normalement injecter de si longues travées, leur parcours étant interrompu par les « ponts de passage » ?

Les lignes saillantes seraient produites par un processus kératinisant, qui, au lieu de se limiter aux stratum disjunctum et corneum verum, envahirait les couches de l'intermedium, du granulosum et même du filamentosum.

La disparition des grains d'éléidine, habituellement constatée, montre que les cellules du « granulosum » ne peuvent plus accomplir leur fonction normale, (les gouttes d'éléidine étant considérées comme une véritable sécrétion intra-cellulaire).

Les espaces intercellulaires ont gardé leur perméabilité et surtout leur disposition fœtale; la peau conserve son caractère de revêtement et sa couche cornée ; mais elle présente un caractère de sécheresse, constant à toutes les périodes et dans toutes les formes de l'ichthyose, parce que l'élément principal de la sécrétion lymphatique, les filaments d'union, y sont atrophiés.

Ce ne serait pas la moindre preuve, à l'appui de notre théorie, que les ponts de passage dans le corps muqueux sont bien l'élément qui crée la lymphe, et constitue l'organe sensible aux toxiques, comme le sont dans le foie les fibres en treillis.

Les variétés cliniques de l'itchtyose sont conformes aux divers degrés d'altération de la glande lymphatique.

Les formes légères, la sclérodermie, l'ichtyose nitida, pityriasique, serpentine, marquent les lésions les plus légères. Or à ce degré les lésions sont plus marquées à la face antéro-interne des membres.

Les formes plus graves présenteront leur maximum d'intensité à la face postéro-externe.

Les plis sont indemnes ainsi que la plante du pied où nous avons signalé un riche réseau de canalicules lymphatiques faciles à injecter.

La distribution symétrique de l'ichtyose s'explique aisément par la disposition anatomique des canaux de la lymphe.

L'anatomié pathologique indique des attitudes diverses suivant les auteurs : amincissement de la couche cornée dans les formes serpentines et hypotrophiques (ISAAC) ; disparition de l'éléidine (JADASSOHN et AUDRY) (1).

UNNA signale des troubles importants de la couche épineuse, et sa diminution par rapport à la couche cornée.

Les opinions sont souvent contradictoires suivant que l'examen s'appliquait à une forme légère ou à une forme grave. Les filaments d'union peuvent être plus ou moins altérés, la couche cornée plus ou moins épaisse.

Du moins est-on en droit de chercher, ainsi que THIBIERGE, l'origine de l'ichtyose dans les lésions du corps muqueux. Toutes les phases d'évolution de la « couche épineuse » ayant été successivement constatées, depuis l'hypertrophie jusqu'aux états régressifs, suivant la gravité des cas, et surtout suivant les régions considérées, l'ichtyose paraît représenter le type complet des lésions lymphatiques.

Cependant elle ne constitue pas une entité morbide

(1) HALLOPEAU et LEREDDE, *loc. cit.*

spéciale, mais seulement une des modalités de la pathologie lymphatique.

J'ai observé chez une hérédo-syphilitique, entrée à l'hôpital pour kyste de l'ovaire, la coexistence de kératose pilaire à la face postérieure des bras, de pityriasis rubra pilaire au niveau des doigts, des avant-bras et des membres inférieurs, et d'ichtyose au niveau de l'abdomen.

L'étiquette de tuberculides qui a été accordée souvent à cet ordre de lésions doit être remplacé par le terme plus général de toxidermies.

Le processus pathologique dominant est créé par une toxine agissant pendant une longue durée de temps sur la glande lymphatique, dont elle finit par épuiser la fonction antitoxique.

Psoriasis.

Le psoriasis présente une attitude anatomo-pathologique intéressante, en ce qu'il montre un type constant dans ses caractères et dans ses localisations. Plus que tout autre il frappe l'esprit par la persistance de ses foyers préférentiels au niveau du coude et du genou.

Il constitue du reste une preuve immédiate du rôle joué par le corps muqueux dans les troubles de la peau.

Lorsqu'on a gratté les squames nacrées, on trouve la couche germinative à nu, avec les papilles du derme formant une ponctuation régulièrement disposée. A peine poursuit-on le grattage, on voit le sang apparaître au niveau de chaque papille.

Le corps muqueux est très réduit ou même disparu. On observe encore parfois un léger suintement qui provient d'une mince couche du stratum filamentosum représentant seule la formation malpighienne ; le suintement peut même faire totalement défaut.

Si on tient compte des indications fournies par l'anatomie lymphatique précédente, on doit noter que le coude et le genou sont, avec le bord du pavillon de l'oreille, les régions les plus difficiles à injecter. Le réseau y est peu important et de lente circulation.

Les poisons formés dans l'organisme n'y pénètrent que très peu s'ils sont rapidement formés ; la lutte antitoxique se passe ailleurs, dans les zones de circulation rapide, et délaisse les régions stagnantes.

S'il s'agit au contraire de toxines lentement sécrétées leur action s'exercera peu à peu ; les tissus n'ont pas ici une capacité antitoxique comparable à celle des autres territoires, aussi l'activité nocive se manifestera progressivement, et finira par détruire la mince épaisseur de corps muqueux.

Le mécanime producteur du psoriasis peut s'expliquer ainsi : qu'on le considère comme une toxi-tuberculide ou comme une toxi-syphilide, la cause agissante est un poison lentement déversé pendant un long espace de temps provoquant d'abord l'hyposécrétion de la lymphe, puis l'arrêt complet. La kératinisation de la peau en est la conséquence.

Au cours de quelques expériences pratiquées avec l'aide de notre collègue le Docteur Ferdinand GIDON nous avons obtenu, chez le lapin, un état analogue au moyen des rayons X.

Une application de 2 minutes (25 volts 5 ampères) de 12/8ᵉˢ d'H. détermine la disparition des lymphatiques au niveau du foyer soumis aux rayons. Sur ce foyer un cautère (à 100 degrés) appliqué pendant 10 secondes déterminera une escharification sèche au lieu d'un placard humide dans les zones normales.

Le foyer d'attrition mis à nu après 24 heures, montrait un pointillé hémorrhagique. La peau présenta ensuite un aspect nacré, squameux, reproduisant le type psoriasiforme.

Après une application de pâte cantharidée, il ne se forma pas de sérosité, l'épiderme s'exfolia en laissant le derme à nu ; l'épiderme réapparut en squames sèches.

Il serait logique de poursuivre ici l'étude des altérations sèches de la peau, en examinant successivement la cellulite, le sclérême, les sclérodermies, le myxœdème, l'éléphantiasis.

Toutefois ces lésions, étant d'un caractère plus spécial, seront considérées à part.

L'analyse actuelle s'adresse principalement aux lésions simples. C'est pourquoi nous devons maintenant considerer les lésions vésiculeuses et bulleuses.

La Vésicule.

Nous avons vu que la papule d'urticaire constitue le premier degré de réaction des filaments d'union soumis à une irritation.

Le second degré crée la vésicule. Son mécanisme de formation paraît simple à concevoir.

A l'état normal, la lymphe née dans le tissu spécial des filaments, filtre dans les espaces intercellulaires. Sous l'influence nocive, la sécrétion intra-tissulaire s'accroît brusquement ; les filaments viennent au contact les uns des autres, et ferment par leur pression réciproque les espaces libres intercellulaires. Tel est le premier degré qui crée la papule, qui clôt en même temps les voies d'excrétion.

Si l'irritation est plus prolongée, la lésion s'accroît en intensité et en étendue ; au centre, la sécrétion de la lymphe s'intensifie et se forme un foyer dans lequel elle s'accumule, en même temps que l'irritation un peu moindre des régions circonvoisines détermine seulement l'épaississement et l'adossement réciproque des ponts de passage.

Ainsi se trouve constitué un foyer central de collection liquide, clos de toute part,

Au quatrième Congrès international d'Août 1900, SABOURAUD considérait la spongiose comme un œdème intra-épidermique collecté (vésiculation), refoulant les cellules. Il note l'accroissement de volume des filaments d'union.

On ne peut avec plus de précision formuler le mécanisme que nous avons expliqué plus haut par l'irritation de l'élément lymphatique glandulaire.

L'acanthose est le premier stade. La spongiose lui succède.

Toutefois BESNIER et SABOURAUD ont placé l'origine de la spongiose dans la couche papillaire qui serait la source de l'infiltration séreuse de l'épiderme.

La théorie de la lymphe présente une origine peu

différente. La lésion appartient bien en propre à l'épiderme ; ce sont les couches du corps muqueux qui constituent le foyer primitif, et le liquide sécrété est de la lymphe pure.

Plus tard seulement, la participation de la zone papillaire peut se produire, et apporter un mélange de sérum sanguin.

De même que pour la papule, la cause irritante peut être externe ou interne : d'une part sont les vésicules et les bulles provenant d'une brûlure ou d'une vésication artificielle ; d'autre part sont les dermites vésiculaires toxiques.

Dans les deux cas, il s'agit de la réaction des filaments d'union en présence d'une substance chimique.

Il existe des formes vésiculeuses dont le processus est différent ; telle la dyshidrose dont l'origine est sudoripare, le zôna dont le mécanisme relève des troubles nerveux et vasomoteurs.

Seules, les toxidermies relèvent de la glande lymphatique, dont la disposition anatomique préside aux localisations préférentielles.

A l'inverse de ce que nous avons vu pour le psoriasis et les divers états ichtyosiques, qui respectent les plis articulaires, nous voyons les toxidermies vésiculeuses ou bulleuses apparaître tout d'abord au niveau des zones de flexion.

Le pli du coude et la région inguinale sont les premières atteintes ; ainsi que le pli de l'aisselle, le pli génito-crural, la région hypogastrique.

Ces zones correspondent à celles que nous avons vues plus faciles à injecter et qui présentaient chez le fœtus les plus longs trajets et les plus riches réseaux lymphatiques.

Les caractères de ces régions prouvent ainsi la plus active sécrétion de la lymphe, par conséquent la plus forte proportion de substances toxiques extraites du sang, d'où la sensibilisation des tissus, et l'irritation locale.

Il s'agit bien en ceci d'une réaction de défense. Tous les dermatologistes ont pu observer un état général satisfaisant chez les sujets atteints d'une toxidermie étendue, même généralisée.

Les troubles graves existent bien plutôt, en cas d'intoxication aiguë, chez les individus qui ne présentent qu'une légère réaction cutanée.

C'est la « pierre de touche » d'une réaction utile, de voir capables de marcher, de conserver l'appétit et l'énergie vitale, des malades dont l'épiderme est envahi sur une grande partie de sa surface par un processus intense. Le principe du pronostic favorable lors des éruptions « bien sorties » est toujours vrai.

C'est une preuve que la sensibilisation et l'irritation de la glande lymphatique sous l'influence toxique, est une modalité de la réaction de défense, et que la suractivité de sécrétion est en même temps destructrice des poisons en circulation.

Il serait inexact d'étendre cette loi à tous les processus eczématiformes.

Il existe des formes mixtes, l'eczéma séborrhéique en particulier, qui comporte un élément sébacé. On ne peut identifier la sécrétion abondante de lymphe des toxidermies apparues au niveau des plis de flexion, avec celle des placards séborrhéiques.

Cependant les localisations du rebord du cuir chevelu, du milieu de la poitrine, du milieu du dos paraissent influencés par les caractères régionaux de la glande lymphatique.

D'autres localisations vésiculeuses méritent l'attention : spécialement le pli rétro-auriculaire, dont l'eczéma accompagne le plus souvent un état de bacillose encore latent, bien que déjà constitué.

La disposition anatomique y démontre un réseau lymphatique très perméable, toutefois disposé plus en profondeur qu'en surface. Existe-t-il ainsi une organisation différente des autres régions, ou s'agit-il d'une réaction locale physiologiquement établie ?

C'est un important problème à résoudre. Nous avons déjà invoqué l'exemple des éruptions dues à l'antipyrine, si singulières par suite de leurs localisations.

BROCQ a bien précisé cette fixité des éléments éruptifs, dans son étude sur l'érythème pigmenté fixe. APOLANT a signalé notamment que l'application d'une pommade à l'antipyrine provoque des lésions au niveau des points d'apparition d'éruptions antérieures dues à l'antipyrine, et laissait indemnes les autres régions de la peau.

Les théories modernes de l'anaphylaxie, inconnues d'APOLANT lors de sa publication, peuvent être invoquées. Cependant la répétition des mêmes localisations chez des sujets différents autorise l'hypothèse d'une valorisation spéciale de telle région pour tel toxique.

L'atropine provoque un érythème de la face et de la nuque.

L'iodure de potassium agit d'abord sur le tissu lymphoïde du nez et du naso-pharynx.

La morphine détermine d'abord du prurit nasal.

Les bromures se manifestent à la face et au niveau de la région postérieure du cou.

Le copahu agit sur les avant-bras.

Ces précisions locales sont à retenir en ce qu'elles permettent d'accorder à certaines zones, le rôle de réduire certaines substances. L'étude des glandes endocrines conduit à des conclusions analogues.

Toutefois le principe général de la localisation aux plis de flexion et dans les régions de sécrétion lymphatique active, reste prédominant dans toutes les éruptions médicamenteuses aiguës.

Ces faits semblent donc bien démontrer que les intoxications aiguës provoquent les lésions de la peau dans les zones de circulation lymphatique active, et les intoxications lentes dans les zones de sécrétion ralentie.

La Pustule.

La pustule n'est qu'indirectement une réaction de la glande lymphatique. Elle mérite toutefois d'être étudiée dans son mécanisme, précisément en ce qu'elle permet de différencier le rôle antitoxique de la lymphe du rôle antimicrobien des leucocytes. On peut observer, au cours du processus, la collaboration de l'activité du corps muqueux avec les éléments figurés venus du sang.

Tant qu'il ne s'agit que de poisons, substances solubles, toxiques ou toxiniques, même corpuscules insolubles, comme dans le cas de grains de cinabre (HEÏDENHAIN), la glande lymphatique suffit à sa fonction de défense.

Lorsqu'un microbe vivant pénètre le réseau, qu'il vienne de la circulation sanguine au cours des infections, ou qu'il vienne du dehors par effraction, il se produit un appel des leucocytes.

C'est en pareil cas qu'il faut invoquer la haute autorité de RANVIER qui affirmait l'intelligence cellulaire : « La cellule sait ce qu'elle a à faire et le fait. » C'est une grande leçon exprimée en style lapidaire, et nous devons y penser.

C'est certainement par un acte intelligent de défense que le tissu muqueux réclame l'intervention des globules blancs.

Ceux-ci pénètrent par deux voies : l'une normale, qui est le tronc lymphatique communiquant avec les ganglions.

Les leucocytes y sont toujours nombreux et prêts à accourir ; toutefois la distance à parcourir est longue.

Une voie plus courte est possible, entre les capillaires sanguins et la basale du derme. En ce cas, les macrophages franchissent les parois des capillaires et celles des vaisseaux lymphatiques, non seulement en un point, mais sur une étendue qui varie avec la gravité de l'invasion microbienne.

On peut ainsi concevoir tous les degrés observés au cours des formations purulentes.

Aux inoculations de faible virulence succèdent des

réactions localisées. Aux virulences extrêmes correspond l'inflammation de tout le réseau, depuis le léger œdème lymphatique jusqu'à l'érysipèle.

Dans le premier cas, les macrophages ont réalisé la destruction de l'envahisseur. La réaction du tissu lymphatique y démontre sa faculté d'occlusion ; les filaments d'union se sont infiltrés et ont fermé toutes les issues.

La pustule est ainsi constituée.

Dans le second cas, les désordres produits par la virulence microbiennes ont été tels que le corps muqueux n'a pu fermer toute issue autour du foyer ; les collecteurs sont atteints. Dès ce moment, il n'existe plus de défense locale, les troncs ne possédant pas la faculté de se cloisonner spontanément.

Les lésions seront alors constituées par l'inflammation, avec atteinte presque immédiate des ganglions. La lymphangite réticulaire, puis tronculaire, apparaissent alors que l'adénite existe déjà. C'est un fait qui mérite d'être noté. La pénétration de l'élément infectieux a été lente dans le corps muqueux ; dès qu'elle atteint les collecteurs, elle parvient de suite aux formations ganglionnaires même très éloignées.

On pourrait attribuer l'adénite primitive à un processus d'activité de défense ; cependant les phénomènes douloureux et l'élévation de la température, si légère soit-elle, indiquent bien que la lutte anti-microbienne a déjà atteint un degré important d'intensité.

Ainsi l'élément infectieux aurait déjà atteint le niveau des ganglions, où son invasion subit un temps d'arrêt, l'organisation de la défense étant ici très développée (1) ; secondairement apparaissent les lésions des collecteurs lymphatiques, qui s'étendent aux tissus voisins, constituant le phlegmon.

Cette question s'écarte toutefois du domaine de la glande lymphatique; nous ne l'avons développée que pour apporter un nouvel argument à la scission physiologique qu'il faut établir entre le corps muqueux, glande active, douée de propriétés vitales intenses, et les collecteurs, capables ainsi que tout tissu vivant, de subir l'inflammation, mais non de lui faire obstacle par un effort spécial d'occlusion spontanée.

La pustule peut être ainsi considérée comme un foyer d'envahissement microbien, comportant un afflux rapide de leucocytes, et la formation de pus dans un territoire clos.

Le singulier phénomène de l'ombilication des pustules s'expliquerait en admettant que l'action irritante, au point primitif d'envahissement, ait pu provoquer l'accolement complet des premières cellules et des premiers filaments d'union atteints par le contact infectieux. Le centre resterait ainsi bloqué alors que les espaces

(1) RAMON CAJAL considère que le tissu réticulé des ganglions lymphatiques est constitué par la même substance que les filaments d'union épidermiques.

Il serait intéressant de savoir si la tuméfaction ganglionnaire est due à l'épaississement des filaments réticulés et non au tissu conjonctif.

En tous cas, c'est un fait logique, qui viendrait appuyer la théorie générale d'un tissu de défense antitoxique, différent du tissu conjonctif en ce qu'il n'est pas de nature collagène, et réagissant en présence de toute irritation.

intercellulaires voisins seraient le siège de la réaction de défense antitoxique.

Il n'y aurait pas lieu d'insister sur ce mécanisme pathologique s'il ne permettait de mettre en question un fait important, malgré sa banalité apparente : le danger de malaxer ou de comprimer une pustule.

Il est constant que le fait de presser un foyer pustuleux, pour en vider le contenu au dehors, constitue une faute.

Si cet acte est sans conséquences fâcheuses lorsqu'il s'agit d'un foyer sébacé ou de vermiothes, il en est tout autrement lorsqu'il existe un foyer inflammatoire. On constate toujours, dans un court délai, l'extension de la rougeur et de l'infiltration épidermique, parfois même l'apparition d'une lymphangite.

La défense locale a été rompue violemment, et le foyer microbien, jusque-là limité par l'occlusion des zones voisines, peut atteindre les premiers troncs collecteurs qui ne sont point organisés pour la défense immédiate.

La réaction locale contre les pénétrations microbiennes varie avec le degré de résistance individuelle. On sait à quel point la moindre inoculation est suivie de suppuration chez les sujets atteints de la maladie de RAYNAUD ; on peut mesurer l'énergie de la défense suivant que les cocci dépassent ou non la couche de Malpighi.

Les dactylites en particulier en fournissent un exemple fréquent : tant qu'elles restent superficielles, malgré leur extension serpigineuses, il n'existe aucun retentissement sur les collecteurs lymphatiques, ni sur l'état général.

Si le corps muqueux est dépassé, on observe l'élévation de la température générale, l'atteinte des ganglions, en même temps que le tissu cellulaire local est envahi et peut subir des lésions destructrices telles que le panaris.

L'étude précédente, qui nous a permis d'analyser le mécanisme de formation de la papule, de la vésicule et de la pustule, c'est-à-dire des trois lésions élémentaires de la pratique dermatologique, va nous faciliter l'analyse des lésions restées plus obscures, états infiltrés de la peau, cellulite, sclérême, sclérodermies, myxœdème, éléphantiasis.

Les infiltrations épidermiques.

Les limites qui séparent les formes d'épaississement de la peau, type sclérodermie et type myxœdème, ne sont pas très précises.

A quel moment doit-on apprécier qu'il existe un œdème dur de la peau ? Aucune indication conventionnelle n'a été posée à cet égard ; c'est pourtant le premier élément nécessaire.

Il faut d'abord considérer les variations physiologiques.

Nous avons vu au début de ce travail que la peau, qui se montre, au sixième mois de la vie intra-utérine, extrêmement mince, bien que possédant déjà un réseau de vaisseaux lymphatiques cutanés, va présenter des phases successives, très différentes, au niveau du corps muqueux.

Dans les derniers mois de la vie intra-utérine, l'épiderme s'accroît en épaisseur, et ce processus se prolongera pendant les premiers mois de la vie ; il restera stationnaire jusqu'à l'âge de deux ans environ, puis décroîtra lentement.

On ne peut contrôler la figuration des espaces lymphatiques pendant les premières années de la vie.

Dans les rares cas où des recherches ont pu être tentées, il est apparu que les espaces injectables s'étendent suivant une grande profondeur ; l'opacité des couches superficielles ne permet pas de suivre le mode de dispersion de la matière injectée.

Malgré cette incertitude, on peut noter les variations individuelles .Elles sont en effet en relation avec l'état de santé.

On peut en citer deux états extrêmes : l'un réalisé par le type vieillot de l'hérédo-syphilitique à peau mince et ridée, l'autre d'aspect blanc et bouffi quand l'activité vitale est presque nulle.

Ce sont deux formes de l'intoxication congénitale.

Dans le premier cas, le corps muqueux de Malpighi est arrêté dans son développement.

Dans le second cas, il montre une hypertrophie qui correspond à la saturation fonctionnelle, et à l'impuissance physiologique.

Les constatations cliniques démontrent qu'entre ces deux modalités la seconde est la plus grave.

Il est important du moins de tenir compte des états intermédiaires.

On peut y trouver des indications importantes qui nous éclairent sur le degré de résistance des enfants.

Nous possédons actuellement peu de moyens d'investigation ; c'est pourquoi, nous devons nous rattacher aux moindres signes capables de nous fournir un élément utile.

C'est à l'épreuve du temps, de l'expérimentation, que s'établira un critérium dont nous posons seulement le principe.

Les sujets en évolution normale fournissent le type physiologique. Lorsqu'aucun phénomène pathologique n'est apparu au cours de la grossesse ni de l'accouchement, et lorsque l'enfant a été nourri au sein, lorsque la courbe de poids est restée conforme à la normale, on n'observe aucun trouble au niveau de la peau.

Même lors de la vaccination, des éruptions dentaires, il ne doit point se produire de lésions cutanées.

L'enfant doit posséder un équilibre qui lui permette de subir, sans accidents, une action toxique passagère.

Par conséquent, tout nourrisson qui présente une irritation de la peau doit être considéré comme en état d'infériorité de défense.

Tant de fautes sont commises par des mères, et surtout par des nourrices, qu'on a coutume de ne tenir compte que des accidents graves. Les toxidermies légères sont le plus souvent négligées. Cependant elles procèdent de fautes d'hygiène, à moins que l'enfant soit né en état d'insuffisance hépatique.

L'état de la peau permet de bonne heure de reconnaître ces variations de résistance.

Durant les premiers mois, ce n'est que l'intégrité de l'épiderme et la courbe du poids qui fournissent des indications.

Mais dès la deuxième année, l'état d'épaisseur de la peau peut être pris en considération.

Les différences régionales se précisent. A l'état normal, les plis de flexion s'amincissent, alors que les zones d'extension restent encore épaisses.

On doit toujours s'inquiéter de l'embonpoint précoce. Il y a tout à craindre d'un « bel enfant », qui fait, bien à tort, l'orgueil de sa mère.

En examinant de plus près l'état de l'enfant, on est étonné du volume occupé par l'épiderme ; l'hypertrophie malpighienne en prend la plus large part, et provient d'un état d'intoxication redoutable.

C'est un véritable myxœdème qui précède l'éclosion d'accidents prochains. Ceux-ci se manifesteront au niveau du tissu lymphoïde, de l'intestin sous forme de diarrhée ; bientôt après apparaîtront les troubles nerveux.

Le volume des membres n'a de valeur qu'autant qu'il a pour origine le développement musculaire. Chez l'enfant il ne peut en être question. Tout volume anormal doit être tenu pour suspect.

Lorsque, dans la seconde enfance, et lors de la puberté, les muscles deviennent vigoureux, il faut remarquer que la peau est de plus en plus mince, et glisse facilement sur les plans profonds.

L'épaississement cutané appartient à l'œdème dur, qui, lorsqu'il se prolonge, devient de la sclérodermie.

L'œdème dur est pathologique ; mais il peut exister sans le moindre malaise général, et sans caractères douloureux locaux.

De même qu'il est fréquent d'observer chez des

sujets intoxiqués des altérations graves du foie, sans qu'aucun trouble de la santé n'apporte aux conseils de prudence une démonstration, de même la glande lymphatique peut s'infiltrer silencieusement, sans que l'individu puisse se rendre compte de son amoindris-sement progressif de résistance.

Les analogies sont du reste constantes entre le foie et la glande lymphatique. Ce sont les deux organes qui doivent assurer la défense antitoxique à un degré égal.

Tous deux remplissent leur fonction et maintiennent autour des systèmes organiques un milieu favorable. Tant qu'ils conservent une activité utile suffisante, aucun trouble n'éclate ; lorsqu'après un long délai, la saturation se produit, les accidents éclatent brus-quement,

Cette saturation a mis des années à se préparer, puis à atteindre sa limite de capacité. Si, quand la saturation est encore lointaine, et la glande seulement fatiguée, survient un fait accidentel capable de jeter dans la circulation une dose toxique importante, des troubles apparaîtront aussitôt.

C'est alors une occasion qui permet de reconnaître le degré de résistance d'un organisme.

Pour en citer un exemple, on peut considérer un cas d'empoisonnement collectif par des moules ou des coquillages sur un groupe nombreux ; les accidents toxiques seront en valeur de la résistance individuelle, les uns restent indemnes, d'autres atteints d'urticaire fugace, d'autres gravement touchés, parfois mortellement.

Encore était-il nécessaire qu'il survînt ainsi un

accident toxique pour savoir qu'un organisme d'apparence vigoureuse atteignait sa limite de défense. Par suite on peut juger son degré d'imminence morbide.

Le foie et la glande lymphatique, assurant l'énergie antitoxique, doivent être constamment surveillés. Or nous ne possédons à l'égard du foie que des moyens d'investigation très insuffisants ; la glande est au contraire d'un contrôle facile et constant.

Avec un peu d'efforts et de temps, on pourrait faire connaître au public l'importance des variations d'épaisseur de la peau. C'est elle en effet qui peut nous renseigner, à n'importe quelle période de l'intoxication, sur le degré d'amoindrisement de la résistance, bien avant la période d'épuisement.

Cette discussion était nécessaire pour faire bien comprendre que les états d'épaississement de la peau peuvent durer très longtemps, malgré toutes les apparences de la santé, avec la conservation de l'énergie. C'est à ce fait qu'ils doivent d'avoir, jusqu'ici, été dédaignés par les cliniciens.

Dès que l'attention est fixée sur l'état de la peau, les degrés divers d'altération deviennent faciles à suivre. L'embonpoint avec épiderme dur, épais, facilement irrité, présentant de l'intertrigo, des lésions de kératose pilaire, des varicosités, des zones adipeuses douloureuses, ne peut être considéré comme un bienfait.

Il n'est cependant combattu que rarement chez l'homme, tant qu'il n'atteint pas un degré exagéré. La femme ne le redoute que par amour de l'élégance. Ce qu'il faut affirmer c'est que l'embonpoint est un état morbide.

Tous les cas d'infiltration de la peau doivent être étudiés. Ils se groupent sous deux formes : le myxœdème, où les lésions sont dues seulement à l'épaississement de la couche de Malpighi ; la sclérodermie qui marque un degré plus avancé. Cependant il n'existe que peu de différence entre les deux types.

Le sclérême est un myxœdème localisé. Il n'y a que l'état éléphantiasique qui marque vraiment le processus scléreux profond.

C'est pourquoi nous examinerons successivement ces troubles cutanés sans y établir de division systématique.

SCLÉRÊME. — Le sclérême des nouveau-nés est connu comme symptôme ; mais son étiologie est imprécise. Je crois pouvoir affirmer qu'il n'est qu'une manifestation de la syphilis héréditaire, et que sa genèse est due à l'irritation provoquée par la toxine spécifique.

J'ai en effet toujours reconnu cette influence dans les cas de sclérême que j'ai observés ; dans tous, l'hérédité était manifestement active. Tantôt la présence d'hydramnios, ou le volume exagéré du placenta, fixaient le diagnostic ; tantôt on constatait l'hypertrophie du foie ou de la rate, ou d'autres accidents plus précis.

Le sclérême présente un intérêt clinique, du fait qu'il démontre la possibilité d'une infiltration lymphatique en nappe, dès les premiers jours de la naissance, sans élévation de température, ni phénomènes inflammatoires.

Il répond aux réactions antitoxiques qui ne s'accompagnent pas de fièvre, mais qui démontrent la présence d'un agent microbien existant déjà chez le nouveau-né, et sécrétant une toxine en assez grande quantité pour déterminer une altération locale de la glande lymphatique.

Chez ces sujets, s'ils survivent, la syphilis restera durant toute la vie comme une cause efficiente de lésions cutanées, si elle n'est reconnue et combattue.

Les lésions papuleuses, vésiculeuses ou bulleuses sont l'expression de décharges toxiques brusques ; les œdèmes durs au contraire procèdent d'une action lente. Cette action dans la presque totalité des cas résulte de l'une de ces trois causes : 1° auto-intoxication chez des sujets en état d'infériorité antitoxique, congénitale, ou acquise dans la première enfance ; 2° syphilis; 3° tuberculose.

Il existe d'autres états morbides analogues, tels que les intoxications professionnelles, le paludisme, etc., capables d'effets du même ordre, mais les exemples en sont assez rares pour être mis hors de la discussion.

L'ŒDÈME DUR. — L'œdème dur est entièrement à étudier. Il est constitué par un épaississement anormal de la peau.

On n'en a jusqu'ici jamais tenu compte, tant qu'il n'a pas atteint un degré important.

C'est là une erreur. L'œdème dur, même léger, douloureux ou non, est un symptôme morbide.

Prenons pour exemple une jeune fille de 18 ans, dont la peau des membres est épaissie. Elle paraît en bonne santé ; on dit d'elle qu'elle est une forte fille et qu'elle a de gros membres, mais on ajoute qu'elle est paresseuse au travail. On lui fait honte de son indolence en lui désignant une camarade aux attaches fines qui ne se plaint jamais de la fatigue.

Examinons plus attentivement cette nature paresseuse. Elle n'a jamais été malade, et cependant on lui reconnaîtra de nombreuses indications morbides. Elle possède une mauvaise circulation ; elle est, l'hiver, couverte d'engelures aux mains et aux pieds, au point de rappeler la maladie de Raynaud. Les poignets sont volumineux, ainsi que les avant-bras ; la peau ne peut se saisir entre deux doigts, paraît bloquée sur les aponévroses, et présente une épaisseur considérable. On y observe un piqueté rouge pilaire, qui semble appeler pour l'avenir le pityriasis rubra de Devergie.

Au niveau des membres inférieurs, cet état est encore plus accentué. La musculature est faiblement développée, sous un revêtement rigide, très accessible au froid, avec kératose pilaire.

D'après cet aspect, on jugera, bien à tort, que cette jeune fille est robuste. De tels exemples sont fréquents.

C'est une erreur très répandue que de confondre le volume d'un membre à peau massive, avec celui d'un membre musclé à peau mince.

Le premier est pathologique, le second est normal.

Dès l'instant qu'on admettra comme symptôme morbide l'épaississement cutané, la question sera près d'être résolue.

Quelles sont les causes de cet œdème dur ?

On trouvera toujours une influence toxique qui proviendra, ou d'auto-intoxication par insuffisance de défense, ou d'hérédo-syphilis.

La tuberculose, même latente, ne trompe pas long-temps le diagnostic, des accidents plus précis survenant dans un court délai.

Le mécanisme est ici le même que celui que nous avons déjà signalé : il provient de l'infiltration lente de la glande lymphatique.

Actuellement il faut réserver les termes de sclérodermie, de myxœdème, de sclérême. Il existe une série de degrés au cours de l'infiltration. Celle-ci naît sous l'action d'un poison soluble, et crée l'épaississement des filaments d'union.

Cette période pathologique dure très longtemps ; elle subit des phases d'acuité et d'accalmie nombreuses, avant de parvenir à la période scléreuse, qui est très tardive.

Le terme de sclérose est même peu justifié dans toutes les lésions de l'épiderme. Il faut que les altérations atteignent la couche génératrice pour que le processus conjonctif apparaisse.

Toutes les couches épidermiques subiront des vicissitudes de gonflement ou de retrait ; leur sclérose n'est faite que d'atrophie, en même temps que la fonction antitoxique est abolie.

La sclérose appartient au tissu conjonctif sous-jacent, au-dessous de la glande lymphatique primitive. Le type complet en est réalisé par l'éléphantiasis, qui crée une zone fibreuse à la face profonde d'un épiderme dont les cellules seules ont conservé leur type normal.

Nous étudierons ainsi successivement les types d'œdèmes durs sans tenir compte du type plus ou moins scléreux des altérations locales.

La cellulite.

La cellulite constitue un élément clinique assez peu recherché. Il faut se reporter aux travaux de Stapfer (1), depuis sa communication à l'Académie de Médecine sur le méthode de Brandt en 1892, jusqu'à ses dernières publications ; ou à celles de ses élèves, pour prendre connaissance de cette lésion.

Malgré l'abondance des observations concernant ce sujet (Sapfer en réunit plus de 150), la question n'a pas évolué. Elle a pourtant une importance réelle.

Stapfer définit la cellulite comme un œdème mou et fugace, qui distend les mailles du tissu connectif ; puis dur, coriace, et alors persistant.

Il considère cette lésion comme due à des exsudats ou à des infiltrats. Il invoque comme origine une action vaso-motrice, d'accord avec Josephson (de Stockholm).

La cellulite a été étudiée à nouveau par Geoffroy Saint-Hilaire et Wettervald.

Toutefois le principe qui a présidé à ces recherches se rattache au tissu cellulaire ou aux éléments musculaires. Bien que les termes d'exsudat lymphatique,

(1) H. Stapfer : *Rapport à l'Académie de Médecine et Annales de Gynécologie*, août, septembre, octobre 1892. — H. Stapfer : *Cellulite et myocellulite localisée douloureuse, Annales de Gynécologie*, juillet, août 1893. — H. Stapfer : *Manuel pratique de Kinésithérapie*, Alcan, 1912. — Geoffroy-Saint-Hilaire : *Les œdèmes abdomino-pelviens en Gynécologie*, Th. Paris, 1898. — Wetterwald : *Les névralgies du tissu cellulaire*, 1er congrès de Physiothérapie, Paris, 1918.

de lymphe plastique, soient souvent prononcés, ces auteurs n'ont pas rattaché la cellulite au système de la lymphe.

Cependant le fait paraît certain.

La cellulite se manifeste par des indurations sous-épidermiques, que l'on peut rencontrer sur toute la surface cutanée, mais qui n'a vraiment été étudiée qu'au niveau de la région abdomino-pelvienne.

On rencontre fréquemment, au cours des lésions annexielles, l'existence de grains indurés sous l'épiderme des zones inguinales et hypogastrique. Le volume de ces indurations est variable depuis les petits grains de plomb jusqu'au volume d'une chevrotine.

Il faut toutefois les chercher. C'est au moyen du massage abdominal qu'on y parvient aisément. En massant très doucement la peau, on sent très vite que le plan profond n'est pas égal, mais est au contraire hérissé de saillies. Ce sont les grains de cellulite.

Les travaux de STAPFER et de ses élèves ont documenté avec assez de précision cette question du massage pour que nous ne devions pas ici la développer de nouveau.

Le caractère important à retenir consiste en ce que la cellulite est toujours en rapport préférentiel avec les trajets lymphatiques originels. C'est autour des épines pubiennes, à la naissance des ligaments ronds que se présentent les grains en plus grand nombre.

De plus, il existe une relation étroite entre les grains de cellulite et l'infiltration épidermique, de type myxœdème.

Lorsqu'il se produit une inflammation péri-utérine

ou utéro-annexielle, on constate un état d'épaississement de la paroi abdominale.

Il ne s'agit pas de contracture musculaire, comme dans les atteintes péritonéales qui comportent de la douleur.

Quand le processus est lent et non douloureux, les muscles n'entrent pas en action. La peau seule est épaissie et donne une sensation de carton.

Ici la méthode de STAPFER apporte des documents de premier ordre.

Cet auteur différencie nettement, à l'aide du massage, les lésions inflammatoires des lésions vaso-motrices. Lorsqu'il y a collection purulente en voie de formation, ou constituée, le massage même le plus doux exalte la douleur et provoque une élévation de température.

S'il s'agit de phénomènes dus à des troubles apyrétiques de la fonction menstruelle, on observe un soulagement rapide par la kinésithérapie.

Ces conclusions concordent bien avec ce que nous avons déjà indiqué au point de vue des réactions de la glande lymphatique, suivant qu'il n'existe que des décharges toxiques, ou une inflammation microbienne.

Dans le premier cas, l'induration générale de la paroi abdominale disparaît progressivement après quelques jours de massage ; et à mesure que cette amélioration se produit, on perçoit les grains dans un plan plus profond. Ces grains, eux-mêmes, diminuent, puis disparaissent lors de la guérison des troubles menstruels.

On trouve la cellulite au début et à la fin des inflammations abdomino-pelviennes. Si on ne les observe pas pendant la période aiguë, c'est parce que l'épiderme s'est épaissi, et les recouvre d'une couche compacte.

Les théories : d'ARAN « *lymphe ou sérosité dans les mailles cellulaires, ou simples noyaux fibro-plastiques* » ; de JOSEPHSON, « *troubles vaso-moteurs, ou provenant de compression à distance* ; de GEOFFROY SAINT-HILAIRE, *« inflammation aiguë ou chronique des vaisseaux, et développement progressif du tissu conjonctif comprimant les nerfs* », manquent de clarté.

Toutes ces théories ne semblent pas logiques, puisque les noyaux de cellulité ne cèdent pas à la pression, et ne ressemblent pas à l'œdème vasculaire, essentiellement mou et dépressible.

La cellulite est nécessairement constituée par une infiltration limitée. Si elle ne provient pas de phlébite veineuse (en ce cas elle serait très douloureuse), elle provient de phlébite lymphatique.

Elle reste limitée à l'origine des collecteurs, dans la zone sous-jacente à la basale du derme, au contact des capillaires sanguins.

Ce n'est plus la région des filaments d'union, mais ce ne sont point encore les grands canaux collecteurs.

La cellulite ne paraît pas du reste appartenir aux irritations d'origine toxique simple. Chaque fois qu'on la rencontre, il s'est produit, soit des phénomènes inflammatoires proches, soit des réactions ganglionnaires, soit des phénomènes fébriles généraux.

Ainsi la cellulite serait le résultat d'inflammations locales avec appels leucocytaires dans la zone de naissance des collecteurs lymphatiques.

A cet égard, elle mérite d'être mieux connue, attendu

qu'elle précise un état profond souvent difficile à distinguer.

Dans certains cas particuliers elle peut fixer le diagnostic. Lorsqu'après une inflammation aiguë d'origine coccique, s'est superposé, chez un sujet bacillaire, un foyer tuberculeux, il se produit trois phases, l'une d'inflammation aiguë, puis une période d'atténuation, puis un état subaigu, qui va devenir chronique.

Les caractères de la cellulité peuvent indiquer si la lutte leucocytaire se prolonge, et s'il existe encore un élément microbien actif à proximité.

Le Myxœdème.

L'origine thyroïdienne du myxœdème est passée en dogme. C'est cependant une erreur.

L'infiltration muqueuse de l'épiderme appartient à la fonction sécrétoire de la lymphe, et procède d'une irritation chimique prolongée qui a créé l'épaississement progressif des filaments d'union.

Si des altérations thyroïdiennes se manifestent à la même période de l'intoxication, c'est parce que la glande thyroïde est, ainsi que la glande lymphatique, sensible aux toxiques.

Ce sont deux lésions contemporaines, procédant d'une cause commune.

En tous cas le trouble épidermique est toujours antérieur au trouble thyroïdien ; et s'il fallait une action de cause à effet entre les deux syndromes, il faudrait reconnaître que la glande thyroïde a été atteinte après que la glande lymphatique, épuisée, a ralenti sa sécrétion ; que, par conséquent, le type thyroïdien est postérieur au type myxœdémateux.

L'erreur d'interprétation tient à ce qu'on ne reconnaît l'existence du myxœdème que lorsqu'il présente des lésions très avancées. Mais, à quelle époque doit-on faire remonter son début ?

Il n'existe aucun criterium anatomo-pathologique, précisant la lésion initiale. On a défini le myxœdème comme une infiltration tantôt de nature muqueuse, tantôt de nature adipeuse. Les conclusions d'IMMERWALD, au congrès de Rome, indiquent une lipomatose sous-cutanée, l'atrophie des glandes sébacées et sudoripares, ainsi que des follicules pileux.

La réalité est plus simple. Les recherches histo-pathologiques sont restées impuissantes, attendu que l'unique lésion consiste en un épaississement des filaments d'union, constitués eux-mêmes par une substance colloïde de nature inconnue, sans lésions des éléments cellulaires voisins si ce n'est celles qui résultent de la compression. De plus, l'épaississement de la substance colloïde a presque complètement disparu au cours des préparations histologiques.

Le myxœdème doit être rattaché à la peau. Il est dû à l'épaississement épidermique, dont tous les éléments restent intacts, sauf les filaments d'union qui sont augmentés de volume. Ces filaments se gonflent au contact des actions chimiques (RANVIER). Nous avons prouvé qu'il en est de même pour les actions mécaniques.

Il n'est donc pas besoin d'invoquer une action à distance
due à une hormone spéciale thyroïdienne.

La lésion se crée sur place sous l'action des substances
toxiques en circulation.

Quant au syndrome classique du myxœdème, il se
scinde en plusieurs parties : la lésion cutanée ; les lésions
thyroïdiennes ; les troubles vaso-moteurs et intellectuels.

Ces derniers sont à considérer isolément. Nous reviendrons en étudiant la sécrétion thyroïdienne, sur la nature
des phénomènes de vaso-dilatation céphalique, d'exophtalmie, de tachycardie, de frilosité. Le crétinisme
intellectuel peut provenir de l'intoxication générale.

Du moins l'épaississement du corps muqueux de
Malpighi doit être considéré isolément, attendu qu'il
peut exister en l'absence de toute altération thyroïdienne,
et que même, bien que le fait soit plus rare, il peut
exister du goitre sans épaississement notable de la
peau.

Considéré comme lésion locale, le myxœdème est bien
le terme qui convient pour exprimer l'état épidermique.
Ainsi que dans l'éléphantiasis, la peau devient transparente sans lésions cellulaires, par sécrétion intra-
tissulaire de lymphe, et peut dans la suite retrouver
son état d'intégrité, si l'action morbide vient à disparaître.

Le myxœdème n'est pas toujours généralisé ; il peut
exister en une zone limitée, par exemple autour d'une
arthrite tuberculeuse, ou d'un foyer septique, chaque

fois qu'il se produit localement une décharge de toxines.

Il est intéressant d'examiner le reste de la surface épidermique. On la croirait saine d'après son apparence ; cependant en la pinçant on constate qu'elle est épaissie ; et que cet épaississement varie suivant les régions, toujours plus marqué dans les zones de sécrétion lymphatique moindre. On observe aussi un aspect mamelonné en pinçant très largement la peau. Au lieu de fournir une surface régulièrement lisse comme dans l'état normal, elle montre de nombreuses saillies et celles-ci sont plus grosses au niveau de la face externe des membres qu'à la face interne ; dans le triangle de Scarpa, on ne les note pas.

Ainsi sur le même sujet on observe 4 degrés différents d'épaisseur de la peau : 1° la nappe rigide de myxœdème local autour d'une lésion fixe ; 2° de l'épaississement notable à gros grains aux régions externes des membres ; 3° un épaississement moindre à petits grains aux faces internes ; 4° l'état d'intégrité aux plis de flexion.

Cette division peut s'adresser au myxœdème en général. Son début correspond au petit épaississement à petits grains et dans l'épiderme même.

Il ne faut pas les confondre avec les grains de cellulite qui sont situés plus profondément, sous la basale du derme. Du reste on ne sent pas les grains de myxœdème ; on les voit seulement en pinçant la peau largement.

Au contraire les grains de cellulite ne se voient point et se sentent au cours du massage.

Le myxœdème ainsi considéré dans son premier degré ne doit pas non plus être confondu avec la peau puérile normale. Toutefois la différence est difficile à

préciser objectivement. Elle est considérable anatomiqué-
ment : si on injecte au mercure un épiderme d'un enfant
d'un an, le métal pénètre partout en abondance sous
faible pression, attendu que les espaces cellulaires sont
vastes et remplis de lymphe en circulation.

Dans le cas de myxœdème, l'injection est pénible et
ne reçoit que très peu de mercure, les espaces intercellulaires étant très réduits par la pression réciproque
des filaments d'union et des cellules.

Cette épreuve a démontré, à l'occasion d'autopsies,
que, lors de la ménopause, l'épaississement régional
de la peau, au niveau des poignets, des malléoles,
relève du myxœdème.

Des faits qui précèdent, il ne faudrait pas conclure
que la peau infantile ne puisse être myxœdémateuse.
Le fait est même assez fréquent, et se manifeste par
une épaisseur énorme de l'épiderme. Les nourrissons
sont comme bouffis, de peau très blanche, sans qu'on
puisse apercevoir la moindre coloration rosée, le réseau
vasculaire étant profondément refoulé sous les couches
épidermiques. Ces enfants sont toujours des intoxiqués,
et leur état est grave.

L'injection cadavérique est chez eux plus facile que
chez les myxœdémateux âgés, mais est plus difficile et
surtout plus inégale comme distribution que chez l'enfant sain.

A un point de vue général, on rencontre une série
d'états d'épaississement de la peau qui se succèdent,
ou aussi peuvent rétrocéder. Le terme de myxœdème con-

vient à tous, en ce qu'il s'agit toujours de l'épaississement du corps muqueux, abstraction faite des cellules.

L'épaississement des cellules n'est pas dû à leur hyperplasie ou à leur hypertrophie ; il paraît provenir seulement de l'accroissement en volume des filaments d'union qui, comme on le sait, traversent fréquemment les corps cellulaires.

Quant à la cause étiologique du myxœdème, elle est toujours due à l'action d'un poison soluble, toxique ou tonixique.

Il est intéressant de se reporter, à l'appui de cette conception, à la remarquable observation, recueillie par le Docteur APERT à l'hôpital Andral en 1913, et qui mériterait d'être reproduite intégralement. Nous en signalerons les points les plus importants.

Il s'agit de myxœdème acquis à la suite d'applications répétées d'une teinture capillaire à base de paraphénylène diamine. Les lésions observées siégeaient au niveau de la peau, d'abord sous forme de dermite vésiculeuse, puis sous forme d'œdème, au niveau de la face, puis des membres. La glycosurie fut constatée au cours de l'évolution morbide ; le traitement thyroïdien assura la guérison.

En analysant cette observation, on relève d'abord la longue durée des troubles toxiques, succédant à des applications de teinture très espacées. Entre 1900 et 1903, il n'y eut que trois applications. Ce fut en 1909 que le myxœdème parut évident, et en avril 1910, que la malade fut soumise au traitement thyroïdien.

La description du Docteur APERT démontre un état de myxœdème très prononcé surtout à la face, s'étendant au cou et aux membres ; « infiltrés d'un œdème dur, ferme, élastique » (1).

Cependant il n'existait pas de symptômes thyroïdiens; pas de tachycardie (pouls à 80). La peau était pâle, froide et sèche partout.

Le Docteur APERT apporte, à la suite de son observation, une série de documents divers, qui soulignent le caractère toxique des teintures à base de paraphénylène diamine.

Il faut convenir que, si le myxœdème n'a été reconnu qu'à l'entrée de la malade à l'hôpital, il existait déjà depuis longtemps, mais qu'il échappait au diagnostic.

Lors des premières applications de teinture toxique, la peau s'était seulement épaissie, et cet état n'attirait pas l'attention. Lorsque le Docteur APERT vit la malade pour la première fois, l'œdème était « élastique ».

Or cette forme spéciale précède l'œdème dur du myxœdème. Elle ne peut se rencontrer que lorsque les couches épidermiques sont distendues par de la lymphe collectée dans les espaces libres, et que les voies d'écoulement profondes ne sont à peine perméables.

Ce n'est que plus tard, lorsque les espaces intercellulaires sont obstrués, que l'œdème dur se constitue.

On doit aussi noter que, l'intoxication ayant pénétré par le cuir chevelu, le myxœdème a progressé de proche en proche, envahissant d'abord la face puis le cou, puis les membres supérieurs.

On trouve donc ici un exemple de myxœdème d'origine

(1) Docteur APERT : *Monde Médical*, 25 mai 1913.

toxique, réalisant des altérations limitées à l'épiderme, sans lésions thyroïdiennes.

Il est vrai que le traitement opothérapique thyroïdien a présidé à la guérison ; dans cette circonstance, il a agi comme extrait antitoxique, ainsi que l'extrait de foie ou de peau.

L'observation du Docteur APERT devait être citée à cause des précisions cliniques qu'elle apporte. Elle ne constitue pas un document unique ; si on cherche à découvrir l'état du myxœdème dès son début, on en rencontrera de nombreux exemples.

La forme fruste est de beaucoup la plus fréquente, et ne comporte pas de relation nécessaire avec la fonction thyroïdienne.

Ce n'est que l'état myxœdémateux grave, procédant d'une intoxication ancienne et continue, qui soit accompagnée de lésions strumiprives ; il pourrait aussi bien coexister des troubles hypophysaires, pancréatiques ou surrénaux.

Le myxœdème est une lésion de la peau, naît de l'irritation de la glande lymphatique malpighienne, et marque une étape très tardive, par conséquent très grave, de l'intoxication.

Les états éléphantiasiques.

L'état éléphantiasique comporte une hydropisie lymphatique. On peut le définir comme une accumulation de la lymphe dans le corps muqueux de Malpighi, par suite d'obstruction des voies d'excrétion.

Ce sont les causes et la nature de cette obstruction qui déterminent la forme et la gravité des lésions.

On sait que le type classique de l'éléphantiasis vrai est produit par la filariose. Les parasites provoquent la phlébite des troncs collecteurs, puis la périphlébite, avec constitution d'un processus de sclérose formant un barrage.

Toute phlébite lymphatique étendue peut de même donner naissance à l'état éléphantiasique.

Elle peut procéder d'une infection coccique prolongée.

Cette étiologie n'est plus à démontrer : Sabouraud a recueilli le streptocoque de Fehleissen pur ; Renon a reconnu le pneumocoque. Achalme a trouvé dans les vaisseaux lymphatiques des amas de streptocoques.

Si l'accord est unanime sur la question de la cause infectieuse, il n'en est pas de même en ce qui concerne les lésions tissulaires.

Dominici admet l'existence de dilatations colossales des vaisseaux lymphatiques, et pose la lymphangiectasie comme une certitude (1).

Renaut considère que l'épanchement séreux dissocie les cellules conjonctives, écarte les faisseaux collagènes qui s'hyperplasient.

Unna au contraire considère les faisceaux collagènes comme inertes, alors que les tissus élastiques deviennent plus denses et plus serrés ; Darier admet l'hyperplasie des tissus conjonctifs, et la disparition du réseau élastique.

(1) Dominici : *La pratique Dermatologique de Besnier-Brocq et Jacquet.*

Ces opinions diverses ont pu correspondre à des cas très différents. Il est probable surtout que les tissus examinés n'ont pas été prélevés dans des conditions identiques.

Nous apportons quelques indications nouvelles, provenant de deux cas d'éléphantiasis, où l'amputation de la cuisse dut être pratiquée, et auxquels nous avons appliqué notre méthode d'injection interstitielle au mercure dans les premiers instants après l'acte chirurgical.

Observation I (Résumé). — L..., âgé de 14 ans, a été atteint d'appendicite aiguë ; après quelques semaines, la lésion était refroidie. A ce moment apparut une tuméfaction de la jambe gauche, très douloureuse, s'étendant jusqu'au genou, avec réapparition de la fièvre. Le jeune malade ne reçut comme soins qu'un enveloppement ouaté, et une médication interne par le salicylate de soude.

La tuméfaction s'accrut, s'étendant jusqu'au pied, et prit peu à peu l'aspect éléphantiasique, en même temps que la température s'abaissa et persista entre 37 et 38 degrés.

Puis la jambe droite commença de s'épaissir, et vint à présenter un état pachydermique presqu'aussi volumineux que la jambe gauche.

C'est alors que le malade fut envoyé dans notre service à l'hôpital mixte de Caen (décembre 1916).

L'aspect était alors le suivant : apparence générale cachectique, sans troubles viscéraux ; seule la région appendiculaire était encore le siège d'un léger empâtement douloureux.

Les membres inférieurs présentaient l'aspect de l'éléphantiasis classique, avec œdème dur, non dépressible, surface mamelonnée à petits grains ; au niveau des pieds, très déformés, l'épiderme était épaissi et corné, avec replis profonds.

Cependant le degré des lésions était différent entre les deux jambes. La gauche était douloureuse à la pression, de teinte érythémateuse à sa région supérieure et d'un volume supérieur à la jambe droite, dont l'œdème dur était indolent.

Des deux côtés, et principalement du côté gauche, de longues bandes translucides se dessinaient, présentant l'aspect de varices lymphatiques.

En l'absence de toute documentation sur les phénomènes morbides antérieurs, le diagnostic resta hésitant d'abord (1).

Il apparut bientôt qu'il existait une ostéomyélite du tibia gauche, consécutive à l'appendicite. L'évidement osseux, reconnu nécessaire, fut pratiqué.

Le tibia était en effet le siège d'une suppuration déjà ancienne ; l'épiphyse supérieure était réduite à une mince lame osseuse, qui même faisait défaut en certains points, le périoste mis à découvert.

Aussitôt après l'intervention, on put constater une amélioration rapide de l'état général, et la chute de la température.

Le membre inférieur droit, notamment, se modifia de suite ; la jambe diminua promptement de volume ;

____

(1) Le fait s'est produit en janvier 1917 ; le malade était envoyé à l'hôpital sans intervention de médecin.

le pied retrouva sa forme normale ; au bout de 15 à 20 jours, la peau était lisse, un peu sèche et plissée, mais avait perdu tout aspect d'œdème dur. Elle restait toutefois bloquée contre les plans aponévrotiques ; les mouvements du genou et du pied reparaissaient progressivement ; la « restitutio ad integrum » s'accentuait chaque jour, et s'est du reste affirmée depuis lors.

La jambe gauche ne présenta pas le même processus ; la section chirurgicale resta atone. Au niveau de ses bords, la peau s'était amincie, sans aucun bourgeonnement. Au delà, le type éléphantiasique persistait, très peu diminué ; le pied conservait son aspect de déformation.

Devant l'atonie absolue de la plaie, et sur la demande expresse de la famille, l'amputation fut résolue, et pratiquée sur la cuisse, au-dessus des condyles fémoraux. La peau était infiltrée à ce niveau, et présentait un œdème moins dur qu'au niveau de la jambe, sans toutefois comporter de godets à la pression. L'œdème y présentait le caractère élastique.

Lors de l'incision chirurgicale, la rétraction des tissus fut notablement inférieure à la normale. La réparation fut du reste satisfaisante, et le malade fut rétabli dans le délai de cinq semaines.

Le membre amputé fut soumis, 15 minutes après l'acte opératoire, aux injections interstitielles, suivant la méthode que nous avons signalée plus haut.

La tranche de section apparut couverte de lymphe, lente à se coaguler ; toutefois, l'écoulement du liquide cessa au bout de quelques instants.

L'injection de mercure, pratiquée à proximité, laissa

le métal s'écouler au dehors en gouttelettes fines, immédiatement au-dessous du revêtement épidermique.

D'autres injections furent alors faites dans la continuité du membre, d'abord au niveau des travées translucides. A notre grande surprise, aucune ectasie lymphatique ne se manifesta. La pénétration du mercure était au contraire difficile. Lorsqu'on forçait la pression, le métal dessinait une courte gerbe, locale. Puis, l'aiguille pénétrant davantage, on vit apparaître des linéaments sinueux, très minces, qui dessinèrent des quadrilatères irréguliers ; les lignes métalliques étaient espacées, les unes des autres, de 10 à 15 millimètres.

Nulle part ne se forma de collection de mercure ; l'aspect moniliforme ne se rencontra même pas.

Lorsqu'on pratiquait une incision, le mercure s'écoulait avec de la lymphe, toujours en grains très ténus, sans indiquer en n'importe quel foyer l'existence d'une ectasie.

Aucun vaisseau sanguin ne fut rencontré dans cette nappe épaisse et transparente.

Lorsqu'on injecta jusqu'aux limites de la zone épidermique épaissie, l'aiguille rencontra une couche dense dans laquelle il fut impossible de faire pénétrer le métal. Puis, cette couche péniblement franchie, l'injection fut aisée et se répandit dans les masses musculaires.

Quelques parties des tissus furent prélevées pour l'examen microscopique, mais ne purent être utilisées.

De cette observation, qui, en d'autres temps, eût pu permettre des recherches histologiques intéressantes, on peut conclure, ainsi que nous l'avons déjà signalé, que les varices lymphatiques ne constituaient ici qu'une illusion, et qu'il n'y a pas de dilatations d'espaces libres. Ce sont les tissus qui sont infiltrés de lymphe ; les intervalles intercellulaires sont au contraire devenus rares, très espacés, et sont réduits à l'état d'interstices.

La zone distendue est créée par le corps muqueux de Malpighi, et se trouve isolée du tissu cellulaire sous-dermique par une couche dense, fibreuse, qui ne permet aucun écoulement par les voies normales.

L'observation suivante apportera quelques confirmations à l'exposé précédent.

Observation II. — S..., 45 ans, employé dans un tissage à C..., tombé dans une cuve de teinture, a subi une brûlure, aux deuxième et troisième degrés, étendue à toute la jambe droite. Des accidents septiques survinrent, puis, une arthrite purulente du genou, en même temps que de l'ostéopériostite du tibia et même de l'extrémité inférieure du fémur.

Au cours de ces accidents, la jambe fut envahie par un état pachydermique progressif, et le blessé vint à l'hôpital de Caen pour demander l'amputation de la cuisse (en 1917).

A son entrée, on observait une ankylose du genou, en attitude vicieuse, la jambe déviée en dehors ; en arrière, le condyle externe du fémur, ayant subi l'élimination d'un important séquestre osseux, faisait saillie sous un épiderme aminci et prêt à s'ulcérer.

La jambe était le siège d'un état éléphantiasique typique, avec œdème dur, épaississement énorme, notamment au tiers inférieur, et dans la région du pied, qui était très déformé.

L'état général était satisfaisant. L'amputation de la cuisse fut pratiquée au tiers inférieur de la cuisse, bien que la peau y fût le siège d'un œdème dur, et parût ne posséder qu'une nutrition insuffisante. Averti par l'exemple précédent, je n'hésitai pas à tailler les lambeaux dans la zone pachydermique ; je pris soin. seulement d'espacer les points de suture, en laissant entre eux un drainage au moyen de crins. La réparation fut satisfaisante.

Le membre amputé fut soumis aux mêmes injections que dans le cas précédent. Le phénomène d'occlusion spontanée ne se manifesta en aucun point, ni au niveau de la tranche de section chirurgicale, ni au niveau d'incisions pratiquées sur l'étendue de la jambe.

De place en place, après raclage des régions cornées, ou dans les zones de transparence, les injections firent apercevoir quelques trajets linéaires entre-croisés ; le plus souvent, l'injection ne dessinait que des gerbes de filaments métalliques, en bouquet de feu d'artifice.

Ces injections exigeaient une forte pression, et ne présentaient pas l'apparence de trajets perméables continus.

Après abrasion de la couche cornée, les tissus étaient transparents sur une profondeur de plusieurs centimètres, dans laquelle on ne rencontrait aucun vaisseau sanguin. Au-dessous de ces tissus, l'aiguille pouvait à peine pénétrer une couche fibreuse, dure et résistante.

Quelques parties furent prélevées et soumises à l'examen microscopique. Pendant leur séjour dans le Bouin, les tissus subirent une rétraction considérable, qui les amena au quart ou au cinquième de leur volume primitif.

L'observation des préparations démontra : 1º que les cellules du corps muqueux étaient bien régulièrement groupées, et que leurs noyaux prenaient bien les colorants ; 2º que les espaces intercellulaires étaient accrus et traversés par des filaments d'union très volumineux, dessinant, autour des cellules, des colliers de perles, dont le diamètre équivalait à la moitié de la largeur des cellules.

Cette observation prouve que l'épaississement de la peau est due à la distension des tissus sans altération appréciable des cellules et de leurs noyaux.

Cette distension s'est limitée aux couches du corps muqueux, depuis le stratum lucidum jusqu'à la couche germinative. La lame fibreuse conjonctivo-élastique, qui limite la zone d'épaississement, appartient au derme.

En rapprochant ces conclusions des constatations fournies par les injections mercurielles du tissu frais, on peut admettre que les lésions de l'éléphantiasis sont dues à la fermeture des voies d'écoulement lymphatique par la lame de tissu conjonctif dense sous-jacente.

La formation conjonctive semble bien avoir pour origine la phlébite et la périphlébite des premiers troncs lymphatiques collecteurs, qui entourent le réseau capillaire sanguin.

La conséquence en est l'accumulation de lymphe dans les tissus. L'épreuve des injections démontre en effet qu'elle ne se fait pas dans les espaces libres, puisque les trajets intercellulaires sont restés minces, moins perméables, et écartés les uns des autres, sans formations variqueuses.

Cependant les cellules sont plus espacées les unes des autres qu'à l'état normal ; mais les filaments d'union les remplissent presque entièrement et forment autant d'obstacles à la circulation de la lymphe.

Ce ne sont là que des déductions. Cependant toutes concordent avec la diversité des faits.

Dans un autre cas d'éléphantiasis, la couche épaissie était limitée au corps muqueux, et se doublait d'une lame fibreuse dense ; or la sécrétion de la lymphe persistait et fournissait une sécrétion énorme, nécessitant un pansement toutes les deux heures. Le plasma s'écoulait au dehors, ne pouvant franchir la couche conjonctive.

Les preuves s'accumulent ainsi pour démontrer la capacité de développement du corps muqueux.

Or si les cellules ne sont pas altérées d'une manière manifeste, il faut admettre que ce sont les filaments d'union qui ont été le foyer de l'infiltration de lymphe.

Les travaux publiés depuis vingt ans, sur la nature de ces filaments unitifs, n'en ont pas établi la fonction physiologique d'une manière définitive.

La théorie allemande primitive, qui les rattachait au tissu conjonctif, n'explique pas les réactions vitales ou physio-pathologiques que nous avons signalées dans la zone malpighienne, et que GÉRAUDEL a reconnues, au cours des cirrhoses du foie, dans les fibrilles fuchsinophiles.

Nous avons le regret de n'avoir pu apporter à nos

recherches un contrôle plus précis qui eût pu être facile en d'autres temps.

Nous posons seulement le point de vue théorique qui nous a paru, seul, capable d'expliquer la formation première des lésions si spéciales de la peau.

RÉSUMÉ DU CHAPITRE PREMIER

Le corps muqueux de Malpighi est le siège de phénomènes physiologiques et pathologiques qui ne s'expliquent que par l'existence d'une fonction spéciale, qui donne naissance à la lymphe.

Dans les éléments histologiques qui la constituent, on doit considérer spécialement les filaments d'union comme étant capables de présenter une variation considérable de volume, sous l'influence d'une cause irritante.

Ces filaments, dont la nature exacte n'est pas encore connue, se comportent à la manière des tissus glandulaires, et se gonflent de lymphe qu'ils déversent ensuite dans les espaces intercellulaires.

Les cinq couches profondes du corps muqueux (stratum lucidum, intermedium, granulosum, filamentosum et germinativum) participent aux phénomènes de sécrétion.

Au-dessous du stratum germinativum commencent les réseaux des vaisseaux collecteurs de la lymphe, l'un sus-jacent, l'autre sous-jacent aux capillaires sanguins.

La zone limite correspond à la basale du derme, et sépare la couche du corps muqueux, sécrétant la lymphe, de la zone profonde des vaisseaux collecteurs.

La couche sécrétante possède seule une faculté spéciale, unique, qui se poursuit pendant une heure environ après l'arrêt du sang, et lui permet de manifester encore une réaction vitale, celle d'obstruer les espaces intercellulaires sous l'action d'un traumatisme.

Elle constitue ainsi « l'extremum moriens ».

Cette faculté d'occlusion spontanée provient de l'accroissement de volume des filaments d'union, qui se chargent de lymphe.

On peut comprendre ainsi le mécanisme de formation des lésions élémentaires de la peau, notamment la papule, la vésicule et la bulle.

La même théorie permet de suivre le mécanisme de l'ichtyose, due à un arrêt de développement; du myxœdème, dû à une irritation persistante de nature chimique, et de l'éléphantiasis du à l'occlusion inflammatoire ou toxique des canaux d'excrétion.

Les éléments sécréteurs de la lymphe sont sensibles aux substances irritantes, acides ou alcalines et aux traumatismes. La lymphe qu'ils sécrètent est antitoxique et constitue un plasma de défense, se chargeant des toxiques et des toxines véhiculés par le sang.

Le corps muqueux de Malpighi est la base active du système de la lymphe. Il ne dépend pas des formations ganglionnaires, qui appartiennent au système circulatoire.

Étendue sous toute la surface cutanée, il constitue une nappe de tissu de protection. Il présente des variations de développement, notamment entre les zones de flexion et les zones d'extension.

Ce sont ces variations qui président aux localisations préférentielles des lésions cutanées, les dermites aiguës se manifestant au niveau des plis de flexion, les dermites chroniques au niveau des zones d'extension.

L'attitude du corps muqueux varie avec l'âge. Il se constitue en glande lymphatique chez le fœtus au cours du sixième mois, et atteint son développement lors de la naissance.

Il reste épais pendant la première enfance, et décroît jusqu'à la puberté ; il conservera désormais une épaisseur très amoindrie, correspondant à la peau souple de l'adulte.

Tout épaississement ultérieur sera de nature pathologique, et n'a de commun que l'aspect avec la peau puérile ; celle-ci comporte en effet une large circulation de la lymphe dans les espaces intercellulaires toujours perméables. Les épaississements tardifs ne comportent que des infiltrations intratissulaires avec espaces intercellulaires rétrécis.

CHAPITRE II

LE TISSU LYMPHOIDE
ET LES TISSUS ANNEXES DU SYSTÈME
LYMPHATIQUE

Nous avons réuni dans le précédent chapitre un ensemble de documents permettant de fixer les origines de la lymphe au niveau du corps muqueux de Malpighi.

De cette région, véritable glande de sécrétion, partent les collecteurs décrits dans les traités classiques. Ceux-ci ne sont que des canaux excréteurs. Les ganglions, considérés comme glandes lymphatiques composées, jouent un rôle spécial entièrement connu.

Les glandes lymphatiques simples, c'est-à-dire les formations lymphoïdes, sont beaucoup moins étudiées ; toutefois, le caractère antitoxique de la lymphe apporte à leur égard des aperçus nouveaux.

Il en est de même pour les grandes séreuses et les synoviales articulaires, qui ont toujours été rattachées à l'appareil lymphatique.

Nous devons les considérer successivement.

Les ganglions lymphatiques.

Les ganglions, ainsi que l'a démontré Ranvier, sont des formations mixtes créées par la cohérence, puis par la jonction des vaisseaux lymphatiques avec les vaisseaux sanguins.

Ils n'appartiennent donc pas en propre au système de la lymphe. Ils présentent une importance considérable, en ce qu'ils constituent des foyers de concentration des leucocytes, disposés sur le trajet des troncs collecteurs dans lesquels ils peuvent pénétrer librement sans diapédèse.

Nous savons que leur rôle est limité à la défense antimicrobienne ; mais il est très réduit en ce qui concerne la défense antitoxique ; il n'y a donc pas lieu de les étudier ici.

LE TISSU LYMPHOIDE

Le tissu lymphoïde n'a pas été jusqu'ici considéré dans son ensemble.

Les études régionales nous le montrent suivant des aspects histologiques peu différents les uns des autres. Il est manifeste que la question reste obscure pour la plupart des auteurs.

La pathologie en est rudimentaire, et la clinique générale s'y est peu intéressée. Les rhinologistes s'y sont seuls appliqués.

En réalité il constitue un ensemble dont les parties

sont solidaires. C'est suivant ses réactions qu'il faut l'étudier ; on constatera bientôt que si chacune des régions présente des caractères particuliers, il y existe une réaction générale qui est commune à toutes.

L'anatomie et l'histologie y apportent des indications précieuses, et précisent les différences régionales. Il faut les comparer les unes aux autres pour établir des types qui serviront à éclairer le mécanisme de phénomènes morbides.

Nous devons donc les rappeler d'abord.

CARACTÈRES ANATOMIQUES ET PHYSIOLOGIQUES DU TISSU LYMPHOIDE. — Sous les noms divers de tissu réticulé, tissu adénoïde, tissu lymphoïde, les auteurs ont désigné les formations lymphatiques qui s'étendent sous les muqueuses, en systèmes clos.

On en rencontre sur toute la longueur de l'intestin et de l'arbre bronchique, lequel n'est du reste qu'un dérivé de l'intestin primitif (intestin pulmonaire de l'embryon).

Elles présentent des attitudes et des caractères divers. Les deux formes sous lesquelles on observe le tissu lymphatique sous-muqueux sont : l'infiltration en nappe ; les follicules.

1° *Infiltration en nappe*. — Elle existe plus ou moins épaisse sur toute la longueur des voies digestives et pulmonaire, sous forme d'une nappe transparente, située sous la muqueuse dont elle suit tous les contours et les replis. Cette nappe est doublée à sa face profonde d'une lame élastique qui se continue avec la « muscularis mucosœ ».

Jonnesco considère trois états différents suivant la proportion de tissu conjonctif qu'on y observe ; suivant que l'élément conjonctif est en proportion inférieure, ou égale, ou supérieure à celle du tissu lymphatique.

A cet égard il y a lieu de faire des réserves. Ainsi que cet auteur l'admet au cours de ses recherches, il se peut que le tissu ait subi quelque atteinte pathologique sclérogène pendant la vie.

A l'état normal, le tissu conjonctif ne constitue qu'un réticulum peu abondant dans le tissu lymphoïde ; la plus grande part est occupée par un tissu transparent, gélatineux ; on y observe des leucocytes en nombre variable, et des cellules nuclées. Celles-ci ont été attribuées aux fibres conjonctives. Toutefois Ranvier a constaté qu'elles existent le plus souvent accolées aux travées sans en faire partie intégrante.

2º *Les follicules* sont des formations closes, tantôt isolées, tantôt agminées, souvent traversées par le conduit excréteur d'une glande acineuse, située profondément au-dessous de la membrane élastique limitante ; ces conduits peuvent s'appliquer contre la paroi du follicule en y creusant un sillon, ou s'ouvrir au centre d'un groupe de follicules agminés. On observe principalement cet aspect dans la bourse pharyngienne de Luschka et dans l'amydale linguale.

Des glandes muqueuses, plus courtes, peuvent siéger au-dessus de la membrane limitante, et se placer ainsi dans la masse lymphoïde même.

Cette disposition glandulaire n'est pas la même

suivant le point considéré. Les glandes muqueuses incluses sont nombreuses dans la couche uniforme, en nappe, du nez et de l'arrière-nez, dans les bronches. On n'en rencontre pas dans les amygdales palatines.

Une variation importante est à signaler en ce qui concerne les rapports entre les tissus lymphatiques et les troncs collecteurs profonds.

Les follicules sont clos. La lame lymphoïde d'infiltration diffuse ne possède pas de voies d'écoulement de la lymphe. Cependant GAREL, cité par JONNESCO, décrit au niveau de l'estomac des communications entre le chorion sous-muqueux et le réseau lymphatique profond.

Les diverses attitudes au cours des états pathologiques pourront s'expliquer le plus souvent par ces deux faits : d'une part la proportion des glandes muqueuses incluses dans la nappe lymphatique ; d'autre part la présence ou l'absence de canaux d'écoulement profond de la lymphe, inclus dans le chorion.

Les rapports avec les vaisseaux sont constants : ceux-ci enveloppent les formations lymphatiques, mais n'ont pas de communication directe avec elles, comme dans les ganglions lymphatiques ou dans la rate. On constate que le tissu gélatineux enveloppe les vaisseaux sanguins, comme il entoure les conduits excréteurs des glandes.

Telles sont les indications qu'on peut retenir, comme éléments de différenciation entre les diverses régions lymphoïdes.

Il reste à noter les origines mêmes des tissus muqueux au point de vue embryonnaire. Sans s'écarter des notions classiques, on peut remarquer que c'est aux deux extrémités de l'intestin primitif, au niveau des capuchons céphalique et caudal, que le tissu lymphoïde est le plus abondant ; qu'au niveau du capuchon céphalique, ce sont les mêmes tissus qui ont donné naissance au revêtement naso-pharyngien et à deux glandes endocrines voisines, l'hypophyse et le corps thyroïde.

Nous reviendrons plus tard sur cette question.

D'une manière générale, le tissu adénoïde nous apparaît sous trois formes de constitution : 1° infiltration diffuse ; 2° infiltration localisée en nappe, comme dans les amygdales linguale et pharyngienne, et les plaques de PEYER ; 3° en masse concrète comme dans les amygdales palatines (JONNESCO et CHARPY).

CARACTÈRES CLINIQUES DU TISSU LYMPHOIDE. — Nous avons signalé dans le chapitre I l'action des poisons solubles sur la glande lymphatique superficielle, zone première de sécrétion.

Si on cherche quelle est cette même action sur le tissu lymphoïde, on est vite convaincu. C'est lui, en effet, qui manifeste d'abord la présence dans le sang d'une substance toxique.

Alors que, sur un sujet sain, la peau ne présentera aucun trouble, ou tout au plus une poussée d'urticaire fugace, lors d'une crise toxique, le nez, le naso-pharynx, ou tel autre foyer, seront instantanément tuméfiés et congestionnés.

J'ai déjà développé cette question dans un article du Progrès Médical en date du 24 août 1912, et je concluais que l'enchifrènement est le premier symptôme de l'intoxication.

Les preuves cliniques abondent, si on les classe avec méthode. Durant toute l'enfance, le nez et le naso-pharynx, le pharynx et les premières voies bronchiques occupent la plus large part dans la pathologie banale des petits états morbides. La répétition des états congestifs finit par créer des états chroniques, dont les conséquences peuvent être graves.

Il ne faut pas donc dédaigner les premières lésions, et savoir les interpréter.

Toutes les régions lymphoïdes peuvent être atteintes par l'intoxication.

Elles ne le sont cependant que successivement. L'ordre dans lequel elles présentent des troubles, procède de l'évolution régionale.

Ainsi la muqueuse nasale se développe brusquement pendant les trois ou quatre premiers jours qui suivent la naissance.

Parmi les quatre amygdales, la pharyngienne évolue la première, pour atteindre son degré complet à la fin de la première année.

La tonsille palatine ne commence qu'après un an, et n'est complète que vers cinq ans ; les amygdales linguale et tubaire ne parviennent à leur complet développement que vers la douzième année (JONNESCO et CHARPY. Traité d'Anatomie de POIRIER et CHARPY).

L'appendice termine son évolution à près de vingt ans. Le tissu lymphoïde ano-rectal, bien que formé de bonne heure, s'épaissit jusqu'à une période plus avancée de la vie.

Ce ne sont pas des indications négligeables, puisque ces dates d'évolution correspondant aux faits cliniques observés. Elles nous serviront à mieux comprendre les symptômes qui se produisent, suivant l'âge, à un point ou un autre de l'appareil lymphoïde.

Ainsi considéré, cet appareil prend une place très grande, la plus importante au point de vue clinique, dans l'histoire de la défense antitoxique de l'organisme.

Lorsqu'il y a sept ans, j'ai signalé le rapport immédiat, existant entre la pénétration d'un élément toxique et la congestion lymphoïde, je n'avais pas réuni les preuves de l'action antitoxique et de la sensibilité aux poisons du système de la lymphe.

Je ne considérais que l'utilité pratique, facilitant le diagnostic, de surveiller l'état des tissus naso-pharyngiens et bronchiques.

L'étude de la lymphe, des réactions vitales de son organe sécréteur, de ses caractères antitoxiques, me permit de suivre avec plus de précision la marche des symptômes successifs.

Les preuves se sont accumulées avec une telle constance d'origine, une telle fixité d'aspects et d'évolution, que ce qui n'était pour moi qu'une hypothèse est devenu une conviction absolue.

Le tissu lymphoïde est d'une sensibilité exquise aux actions toxiques, et les signale avant tout autre organe. On ne saurait affirmer qu'il possède une puissance antitoxique réelle ; il constitue un organisme plutôt passif qu'actif, et subit l'influence nocive plutôt qu'il ne la combat.

En cela il diffère de la glande cutanée qui est surtout active. La raison en est facile à concevoir. Dans le système de la lymphe, c'est le plasma qui est antitoxique ; les tissus sont surtout sensibles.

L'activité de la glande épidermique est constante parce qu'elle possède une vaste surface de sécrétion avec de nombreux canaux d'excrétion ; la lymphe y est rapidement produite et s'écoule sans cesse.

Le tissu lymphoïde au contraire ne possède que dans quelques organes, l'estomac par exemple, des voies de décharge. Le plus souvént la lymphe reste enclose, ne se renouvelant que très lentement.

Les formations adénoïdes, ne possédant pas de circulation de lymphe, ne peuvent détruire sur place qu'une faible proportion de toxiques ou de toxines. Si le tissu est sensibilisé, il atteint très promptement sa limite de saturation ; dès ce moment la tuméfaction se produit. Cependant on ne peut refuser à ces formations une action de défense. Un sujet sain peut absorber une dose toxique sans manifester la moindre réaction lymphoïde.

Il faut une certaine sensibilisation préalable pour que le phénomène congestif se produise immédiatement. C'est en quoi les symptômes qu'on y observe possèdent la valeur d'une preuve, indiquant un état antérieur de subintoxication.

Le mécanisme de réaction paraît être analogue à celui de la glande épidermique. On trouve dans l'amygdale palatine des travées qui ont une apparence identique à celle des filaments d'union ; même substance muqueuse sans noyaux, unissant les cellules nucléées, ou les traversant ; même évolution pathologique ; leur épaississement peut devenir tel qu'elles occupent la plus large part du tissu, et lui donnent le même aspect « muqueux » qu'on a vu dans le myxœdème ou l'éléphantiasis, et qu'on retrouvera dans le foie des intoxiqués.

Toutefois la réparation est moins prompte. Une papule d'urticaire disparaît en quelques heures ; nous avons vu un éléphantiasis occupant toute une jambe regresser en quelques jours. Au contraire une amygdale infiltrée reste tuméfiée longtemps ; lors des premières atteintes, elle peut se réparer ; mais si ces atteintes se répètent, la lésion reste définitive, et l'exérèse devient la seule méthode de traitement.

Il en est de même pour les végétations adénoïdes, pour l'appendicite, pour les hémorroïdes anciennes. Il suffira d'examiner les phénomènes morbides de chaque région en particulier pour que l'ensemble des réactions démontrent la solidarité de tout l'appareil, de même que la glande lymphatique est apparue solidaire au niveau de tout le revêtement épidermique.

LES RÉACTIONS PATHOLOGIQUES DU TISSU LYMPHOIDE. — Les formations lymphoïdes présentent un type commun pathologique sous l'influence prolongée des toxiques. Ce type comporte les trois phases de tuméfaction, d'hyperplasie puis d'atrophie sclérosante.

Ces phases évoluent sans fièvre et n'attirent l'attention que lorsqu'elles provoquent mécaniquement une gêne locale ou des phénomènes douloureux.

La tuméfaction survient d'abord, plus ou moins brusque ; elle s'accompagne de troubles de voisinage, soit vasculaires, soit glandulaires, suivant la cause nocive et suivant la région. C'est cette tuméfaction qui constitue le caractère essentiel du début.

L'analogie s'impose entre ce mode de réaction et celui de la glande épidermique, tous deux se produisant sans action inflammatoire et seulement en présence d'une cause irritante toxique.

La deuxième phase est constituée par l'hypertrophie. Celle-ci n'est pas d'ordre cellulaire ; l'élément qui fournit à l'accroissement de volume est transparent sans noyaux ; ainsi l'hypertrophie aboutit à la formation du tissu muqueux, capable de constituer une épaisseur importante. Cette phase est identique à la période du myxœdème, ou des pseudo- « varices lymphatiques ».

La troisième phase comporte la sclérose. Elle procède du développement du tissu conjonctif qui devient égal au tissu lymphatique, puis prédomine. L'atrophie suit la même marche que le développement fibreux.

Cette période s'accompagne de phénomènes douloureux, ou tout au moins détermine l'apparition d' « épines irritantes », telles qu'en crée la rhinite atrophique dans l'asthme, ou l'appendicite chronique, dans certaines formes de neurasthénie ou de déchéance organique.

Ces trois phases de l'évolution pathologique lymphoïde ne se suivent pas nécessairement. Provoquées par la présence de poisons solubles, elles peuvent s'interrompre ou même se réparer lorsque la cause disparaît ou s'atténue. Toutefois les lésions sont lentes à se produire ou à regresser, et peuvent ne se modifier qu'au cours de plusieurs années. On ne peut s'en rendre compte qu'en suivant les malades pendant une longue durée de temps avec une notation bien précise.

Le bénéfice le plus net qu'on en tire, au point de vue du diagnostic, est de pouvoir reconnaître, en datant avec soin, le caractère périodique d'une infection obscure. Les seules manifestations consistent en décharges toxiniques lors de chaque poussée. C'est le tissu lymphoïde qui les signale d'abord, avant tout autre organe.

Les formations lymphoïdes en particulier.

LES VOIES AÉRIENNES. — *La région antérieure du nez.* — Là région nasale antérieure est une des plus importantes de toutes les formations lymphoïdes. Elle est la plus sensible et aussi la plus résistante. Peu développée avant la naissance, la muqueuse nasale présente dès les premières heures de la vie un accroissement rapide sous l'action de la respiration. Cet accroissement est dû au tissu lymphoïde, très rudimentaire pendant la vie fœtale. On en observe l'effet par l'apparition si fréquente du coryza des nouveaux-nés.

Si banal que paraisse ce rapide malaise, on doit en tenir compte. Il ne manque jamais chez les enfants qu'on sait d'avance frappés d'infériorité, soit par hérédo-syphilis, soit par tuberculose des procréateurs, soit par misère physiologique de la mère pendant la grossesse. C'est pourquoi, même lorsque l'enfant paraît normal, il est à présumer, s'il manifeste du coryza, que sa résistance sera inférieure à la normale. Sans qu'il y ait lieu d'inquiéter la famille, il faut se rappeler cette indication première, qui le plus souvent se trouve corroborée par l'évolution ultérieure. Il faut toujours surveiller de plus près les nouveau-nés dont le nez s'est obstrué les premiers jours, même si le symptôme disparaît au cours de la première semaine.

Par contre l'intégrité du nez chez le nourrisson est un heureux indice.

Au cours de la vie, ce seront les mêmes symptômes qui préluderont aux troubles toxiques.

Aussi devons nous examiner séparément les degrès divers qu'elles présentent.

Le premier est l'enchifrènement, qui correspond seulement à un état d'épaississement lymphoïde.

Ce n'est pas nécessairement un état congestif. Si la vaso-dilatation en était la cause nécessaire, on observerait quelque sensation de chaleur, de la rougeur de la face. Or le nez peut se boucher brusquement sans aucun trouble vasculo-sanguin, sous l'influence d'une décharge toxique légère. En ce cas, il est dû à l'épaississement du tissu lymphoïde analogue à celui de la glande malpighienne en cas d'urticaire. Les narines sont occluses mais sèches. Cet état peut apparaître sans autre symptôme ultérieur, et disparaître en quelques instants qu en quelques heures. On le rencontre souvent en interrogeant les dyspeptiques : On apprend ainsi qu'à une certaine période de la digestion, généralement trois heures après le repas, la respiration est brusquement gênée pendant un certain temps. Un examen plus approfondi démontre l'existence de fermentations en fin de digestion. Chez d'autres sujets, c'est au cours du repas même, que l'obstruction nasale se produit ; il s'agit alors de dilatation par atonie gastrique, laissant persister, dans l'estomac, des résidus toxiques antérieurs, qu'une nouvelle prise alimentaire fait absorber par la circulation.

L'enchifrènement ne peut donc être considéré comme un symptôme indifférent.

Le second degré comporte l'écoulement de liquide, c'est-à-dire le coryza.

Il peut procéder d'un trouble vasomoteur, spécialement chez la femme, à l'occasion d'un trouble utéro-annexiel ; il se produit une sécrétion très abondante, de courte durée, de plasma peu coagulable.

La forme la plus commune est le « rhume de cerveau », au cours duquel l'écoulement de la lymphe est rapidement suivi de sécrétion de mucus, puis de muco-pus.

Ce n'est pas là sans doute une entité morbide redoutable, bien que la propagation inflammatoire au naso-pharynx, à la trachée et aux bronches puisse établir une durée prolongée de malaises.

Le fait sur lequel il faut insister, consiste en ce qu'on considère le coryza avec trop d'indifférence.

On en attribue la cause au froid, souvent sans raison. Le froid ne peut être qu'une cause occasionnelle. Le sujet sain, en pleine activité vitale, n'a rien à en redouter. Il faut, pour que le coryza se produise, que le tissu lymphoïde soit déjà sensibilisé.

On doit chercher d'abord quelle cause a pu créer cet état de vulnérabilité, et s'il s'agit de toxiques ou de toxines.

Dans le premier cas, on en découvrira l'origine dans des fautes d'hygiène alimentaire. Si non, on doit redouter qu'il s'agisse d'une décharge toxinique, due à un début de bacillose encore obscure, trop peu avancée pour être décelée par les procédés cliniques.

D'une manière générale, on ne doit jamais considérer le coryza comme un accident banal. Il indique un amoindrissement de la défense antitoxique.

Lorsqu'il se répète périodiquement, il prend une signi-
fication plus grave et prouve un état de déchéance.

Il peut aussi évoluer vers l'état chronique, marqué
par un enchifrènement permanent, sans écoulement
liquide, mais avec gêne respiratoire.

C'est la période de rhinite atrophique qui sera bientôt
suivie de crise d'asthme et de pharyngite sèche.

Naso-pharynx. — Les troubles du naso-pharynx
ont une importance plus grande. Leur influence
sur les adénopathies du cou, sur l'intégrité de l'audi-
tion, la gêne qu'ils apportent à la respiration, peuvent avoir des conséquences graves sur la nutrition
générale.

La fréquence extrême des adénoïdites mérite la plus
grande attention. Les lésions locales, qui sont dues à
l'hypertrophie de l'amygdale pharyngienne, sont justi-
ciables de l'intervention chirurgicale.

Mais on ne doit pas seulement considérer la lésion
locale. Tout adénoïdien est un intoxiqué. Il est facile
de savoir si la cause est gastro-intestinale, provoquée
par un gavage systématique. Si non, il s'agit d'hérédo-
syphilis, ou de tuberculose. Du moins faut-il toujours
préciser l'origine première de l'infiltration naso-pharyn-
gienne.

Il peut exister aussi une rhinite postérieure, sans
tuméfaction en masse de l'amygdale pharyngienne.
Elle se manifeste par l'écoulement de muco-pus, des-
cendant du cavum dans le pharynx, et provoquant le
raclement pharyngien.

Cette rhinite est due, comme les lésions précédentes,

à l'intoxication. Il en est de même pour l'amygdalite palatine.

L'accroissement de volume des tonsilles est produit par l'hypertrophie hyaline des tissus, et ressemble à l'épaississement du corps muqueux dans le myxœdème et l'éléphantiasis.

On peut noter que l'amygdalite ne s'accompagne jamais de sécrétion muqueuse ou muco-purulente.

La disposition anatomique des glandes est ici différente de la muqueuse du cavum.

On n'observe que des dilatations intra-folliculaires, où s'accumulent des déchets d'exfoliation, offrant un foyer de culture facile aux éléments microbiens.

C'est à cette disposition qu'on doit attribuer la fréquence des abcès, à formes cryptiques. Ce sont encore là des accidents résultant de l'altération première, constituée par l'hypertrophie amygdalienne, d'origine toxique.

La facilité avec laquelle on peut observer le pharynx, impose un grand intérêt pratique à tous les indices qu'il peut fournir au cours de l'évolution pathologique locale.

On peut y suivre, mieux que partout ailleurs, les trois périodes de tuméfaction, d'hypertrophie et d'atrophie.

L'accroissement de volume, très brusque, lors d'une première atteinte, s'affaisse lentement, pour se reproduire lors d'une nouvelle crise toxique, et peu à peu l'hypertrophie devient permanente. L'élément sanguin n'y joue qu'un rôle secondaire. On sait que, bien que toujours à redouter, l'hémorragie constitue l'exception, en cas d'ablation d'amygdales ou de végétations.

Encore l'hémorragie ne se présente-t-elle que lorsqu'on opère en période congestive. Pendant les accalmies le tissu est surtout hyalin et les vaisseaux sanguins sont peu dilatés.

Plus tard, lors de la période atrophique, la paroi pharyngienne montre des granulations de plus en plus rares, et séparées les unes des autres par des travées de tissu mince, dont la surface est lisse et vernissée.

Région laryngo-trachéo-bronchique. — Les considérations qui précèdent peuvent s'appliquer au larynx, à la trachée et aux grosses bronches.

On ne saurait trop distinguer le rôle inflammatoire de l'action toxique. On ne doute pas de l'action microbienne lorsqu'elle produit (comme dans la rougeole) le processus classique oculo-naso-pharyngien-bronchique; celui-ci s'accompagne de fièvre et présente une évolution fixe.

Il n'en est pas de même chez les sujets atteints de bronchorrhée chronique, sans fièvre. En suivant de près l'état gastro-intestinal, on verra les irritations laryngo-bronchiques suivre immédiatement les décharges toxiques.

Chez les individus déjà sensibilisés par un amoindrissement de résistance, on peut constater que la toux apparaît ou s'exagère à la moindre faute d'hygiène, ou bien coïncide avec le ballonnement abdominal, ou même à certaines heures du jour, avec une période de fermentations anormales.

Que la toux soit sèche, et soit due à la tuméfaction du tissu lymphoïde des bronches, ou, qu'à une période

plus avancée, elle s'accompagne d'une sécrétion muqueuse
ou muco-purulente, il est permis de lui attribuer comme
origine une influence toxique prépondérante plutôt
qu'une action inflammatoire.

Tube digestif. — La pathologie lymphoïde du tube
digestif est plus difficile à connaître que celle des voies
aériennes, où l'on pouvait suivre la succession des
troubles, dans chaque région. Bien que le tissu réticulé
y soit très abondant, on ne constate de réaction précise
qu'à ses deux extrémités, la bouche et la région inférieure,
du côlon jusqu'à l'anus.

La région intermédiaire échappe à l'analyse clinique.

On peut attribuer aux actions toxiques un rôle sur la
pathologie des anses grêles, mais sans savoir quelle est
la part de la circulation sanguine, ou des nerfs vaso-
moteurs, ou du tissu lymphoïde.

C'est une recherche utile à poursuivre ; elle est
indiquée en principe dans la thèse de Charles RICHET fils,
bien qu'il y reconnaisse les plus grandes difficultés
techniques. Il signale, d'après LEWIN, la présence, dans
l'estomac, de la morphine injectée sous la peau, du venin
de vipère après la morsure, du mercure après les frictions.

Le plomb s'élimine surtout par les matières fécales ;
il en est de même pour le mercure. L'intestin se charge
de l'acide oxalique injecté, en presque totalité. La
proportion d'arsenic, d'urée, sont importantes, lorsque
le rein cesse de fonctionner.

Toutefois les expériences ne peuvent faire connaître
la part respective du tissu lymphoïde, des glandes ou
de la circulation sanguine. On ne peut donc inférer

quel est le mécanisme des coliques et de la diarrhée en cas d'empoisonnement (1).

Le gros intestin subit certainement, dans ses formations réticulées, des lésions d'épaississement, au cours des intoxications prolongées.

Il semble que la fonction chylifère absorbe la plus grande activité du tissu lymphatique, ou que l'activité du foie, étant capable d'assurer seule l'œuvre de défense antitoxique, le tissu lymphoïde du tube digestif reste beaucoup plus indifférent à l'intoxication chronique.

Il est très fréquent de suivre pendant de longues années des sujets hérédo-syphilitiques atteints de végétations adénoïdes, d'amygdalite, de bronchite chronique, d'asthme, conservant un appétit excessif et des fonctions digestives suffisantes. Le seul fait à noter est la constipation, qui relève peut-être d'un épaississement lymphoïde des régions coliques.

Les réactions lymphatiques dues à l'intoxication peuvent être bien suivies au niveau de la bouche, de l'appendice, du côlon, de la région ano-rectale.

Les lèvres. — Les lèvres ne présenteraient aucun intérêt spécial s'il n'existait pas le type « strumeux ».

Or c'est là un exemple de lésion toxinique agissant lentement et en permanence sur une région lymphatique déterminée. Il n'y a pas de différence entre un placard de sclérême et la lèvre strumeuse. Doit-on dans ce cas

(1) Ch. Richet fils : *Étude clinique et expérimentale des entérites*, Th. Paris, 1912.

particulier considérer qu'il s'agisse d'une lésion lymphatique ou d'une lésion lymphoïde ?

La lèvre présente les deux éléments. Si on se reporte aux injections mercurielles, nous avons vu que la piqûre pratiquée sous la peau, près du bord de la lèvre, dessine un fin réseau de lignes parallèles, gagnant directement, suivant le plan sagittal antéro-postérieur, la face buccale de la lèvre, puis s'étend au plancher, très lentement ; si la pression mercurielle se poursuit, l'épaisseur labiale se charge de métal et réalise l'aspect de la lèvre strumeuse.

C'est donc une région où les lymphatiques sous-cutanés se continuent avec le réseau réticulé situé dans l'épaisseur de la lèvre.

Lorsque l'intoxication vient à produire le même aspect, on peut en attribuer le mécanisme à la tuméfaction, puis à l'hypertrophie du tissu lymphatique, et de la masse réticulée sous-jacente.

La langue. — Les injections mercurielles que nous avons signalées présentent un aspect analogue. Les lignes métalliques se dessinent d'emblée, d'avant en arrière, parallèles et adossées au-dessous de toute l'étendue de la muqueuse, puis il se produit un très léger soulèvement, sans que la zone profonde s'infiltre comme au niveau de la lèvre.

La muqueuse de la langue est donc doublée de trajets lymphatiques de plus gros calibre, plus rectilignes, présentant une circulation facile, puisqu'elle ne montre aucun arrêt du cours des injections.

Si la langue présente un aspect spécial, au point de

vue de son réseau lymphatique, elle présente aussi
des symptômes qui lui sont particuliers, en cas d'intoxication.

Les divers degrés de la saburralité sont dus aux
troubles lymphatiques, et procèdent des influences
toxiques et non de la fièvre.

Il est très facile de prouver que la langue ne se salit
pas parce qu'il s'est produit une élévation thermique ou
une pénétration microbienne, mais parce que le sang
est envahi par des toxiques ou des toxines.

D'une part on observe très fréquemment des sujets
dont la langue est saburrale, à des degrés divers, pendant plusieurs années, sans qu'il se soit produit quelque
élévation de température. Chez d'autres on voit que la
langue est blanche, passagèrement, ou le matin seulement, sans atteintes fébriles.

D'autre part, lorsqu'il se produit une infection avec
élévation thermique, l'état saburral n'est aucunement
en rapport avec la date d'apparition ou l'intensité de
la fièvre, mais dépend du degré d'intégrité antérieure de
la défense antitoxique.

Il suffit de mentionner ce fait pour que chacun puisse
le constater. Prenons quelques exemples : un sujet
vigoureux, en pleine santé apparente, est atteint de
fièvre : la température atteindra 39 ou 40 degrés
pendant deux ou trois jours, puis s'abaissera progressivement : la langue ne commencera de blanchir
que lorsque la fièvre est déjà en décroissance ; c'est
à la décharge des endotoxines qu'est due la saburralité.

Chez d'autres sujets, la langue se salit le troisième

jour de l'infection ; chez d'autres le deuxième jour, même dès les premières heures.

Qu'on compare entre eux les états de santé antérieure, on observera que la date d'apparition de la « langue sale » est en rapport avec la résistance, quel que soit le degré de fièvre constaté.

Avec la théorie de la réaction lymphatique en présence des poisons solubles, tous les phénomènes de saburralité apparaissent précis, et d'une telle exactitude, qu'on peut s'appuyer sur eux pour établir un pronostic.

Lorsque la fièvre apparaît, les poisons cellulaires et microbiens se forment suivant une progression croissante : si la défense antitoxique était normale avant l'atteinte morbide, ces poisons seraient détruits, à mesure de leur formation, par le foie et la glande lymphatique. Cette défense peut suffire pendant plusieurs jours ; puis elle s'épuise : les poisons continuant de circuler dans le sang, les lymphatiques de la langue s'irritent, et bientôt s'épaississent, en même temps qu'elles provoquent les altérations de l'épithélium.

Lorsqu'à un degré plus grave les lymphatiques se bloquent, ils ferment les orifices glandulaires, et la langue devient sèche, épaisse, jusqu'à l'aspect de « langue rôtie ». Cet état correspond à la saturation de la lymphe, à l'épuisement de la défense.

Il est inutile d'insister sur les conclusions qu'on peut en tirer au point de vue du mécanisme de formation des glossites chroniques avec rhagades et fissures profondes, ces lésions étant d'un autre ordre.

Il faut donc considérer la langue comme se rapprochant des réactions malpighiennes. Une analogie de grande valeur est à signaler. Le professeur RANVIER décrit dans l'histologie de la muqueuse linguale la présence de stratum lucidum avec cellules reliées, et l'absence de cellules cornées.

Nous savons que ces cellules reliées sont caractérisées par la présence des filaments d'union disposés à travers les cellules et entre elles.

La constitution lymphatique de la langue est notablement moins considérable que le corps muqueux épidermique, qui comporte de plus le stratum granulosum et le filamentosum. La sensibilité aux poisons est toujours du même ordre, et constitue une fonction du revêtement lingual.

L'appendice. — L'appendice est constitué pour la plus grande partie par du tissu réticulé. L'élément glandulaire y est rare ; on y observe seulement quelques glandes caliciformes. Si on applique aux lésions pathologiques de cet organe le princiqe de la sensibilité du tissu lymphoïde aux actions toxiques, on est amené à concevoir avec beaucoup de clarté leur étiologie.

Les trois phases cliniques, tuméfaction, hypertrophie, atrophie, peuvent contenir tous les phénomènes morbides.

La tuméfaction ne crée qu'une douleur localisée passagère, sans réaction de voisinage. Elle se répète lorsque la cause toxique ou toxinique se reproduit. Si le fait devient fréquent, la réparation devient incomplète et la phase d'hypertrophie s'établit.

A partir de ce moment, la période dangereuse est ouverte. L'organe est sensibilisé et augmenté de volume, il est perceptible au palper quand il est accessible. Il devient douloureux sous la persistance des influences toxiques même légères, et provoque la défense de la paroi abdominale.

Pendant cette période, il suffira d'une infection générale intercurrente, la grippe, une suppuration banale, pour faire apparaître une inflammation septique et l'appendicite aiguë.

Ce processus est identique à la formation d'un abcès de l'amygdale. Ses conséquences en sont beaucoup plus redoutables par suite du voisinage péritonéal.

La troisième phase est atrophique ; elle correspond à l'appendicite chronique ; le développement du tissu conjonctif détermine la formation d'un foyer plus ou moins douloureux, créant une épine irritante, qui peut agir sur le cerveau abdominal et sur l'état général.

L'étiologie des crises appendiculaires, soit simples coliques, soit appendicite aiguë suppurée, soit appendicite chronique, relève donc, avant toute autre cause, d'une sensibilisation préalable, due à l'irritation lymphoïde d'origine toxique.

Le professeur GAUCHER a signalé à juste titre le rôle très important de l'hérédo-syphilis, qui agit ici de la même manière qu'elle crée les végétations adénoïdes du naso-pharynx.

On peut toujours craindre l'appendicite chez les adénoïdiens. Si toutes les formations lymphoïdes présentaient une même date de développement, la gravité des accidents serait extrême. La succession des dates d'évolution place la prédominance des végétations avant celle des amygdalites : l'appendicite est plus tardive.

Ce n'est pas qu'il n'y ait des exceptions à cette règle ; mais elles sont rares. On peut conclure de la généralité des cas que c'est bien le tissu lymphoïde qui est en cause, puisque le rôle de l'âge est si précis et correspond exactement aux périodes de maturité des formations réticulaires.

La période dangereuse se place, dans toutes les formations, pendant l'époque hypertrophique où les leucocytes apparaissent plus nombreux qu'à l'état normal, indiquant que leur présence y est nécessaire. La vulnérabilité du tissu une fois constituée, les éléments microbiens y pénètrent avec une telle facilité qu'ils doivent y être constamment détruits. Qu'il survienne une déchéance de l'organisme ou un seul instant de supériorité coccique, l'inflammation se déchaîne.

L'hérédo-syphilis peut être cause déterminante, non par l'action locale du tréponème, mais par ses toxines qui ont sensibilisé l'appendice. Il ne faudrait pas conclure que l'hérédo-syphilis soit la seule influence à redouter.

Toutes les fois qu'il existe un état toxique permanent, qu'il provienne de fermentations habituelles gastro-intestinales, ou de toxines tuberculeuses, le tissu de l'appendice peut se sensibiliser, puis s'hypertrophier et devenir vulnérable.

Ainsi la genèse de l'appendicite doit être surtout attribuée à l'intoxication. La crise aiguë provient de n'importe quelle cause occasionnelle, furoncle, abcès amygdalien ou association microbienne intestinale.

Nous ne pouvons quitter cette question sans rappeler

la thèse de Charles Richet fils. Bien que cet important travail s'adresse à la pathologie générale, l'appendice y tient une telle place qu'il vaut mieux dès maintenant en discuter les conclusions.

Cette thèse met en place deux problèmes très vastes, l'un concernant le caractère préférentiel de telle ou telle région à l'égard des actions morbides, l'autre qui attribue à certains organes, tels que le foie, la rate, les anses grêles, l'appendice, un rôle d'élimination microbienne.

La première question a été traitée dans le chapitre I au sujet de la glande lymphatique. Nous avons insisté sur les localisations cutanées des copahivates, de l'antipyrine, des iodures ou bromures, etc.

En ce qui concerne la peau, nous avons cherché à préciser la part qui doit être accordée au conditionnement anatomique de la circulation lymphatique, et celle qui pourrait être attribuée à une fonction spéciale d'un secteur épidermique.

Ce qui a paru vrai pour la peau peut être logiquement attribué aux secteurs intestinaux. Nous avons rappelé plus haut les indications réunies par Charles Richet sur l'élimination des toxiques par l'estomac et l'intestin. Cet auteur a signalé une action identique pour des toxines (toxines tétanique et diphtérique) (1).

Il a principalement étudié les phénomènes microbiens, et ses recherches ont porté sur le streptocoque, le bacille dysentérique, le bacille typhique, le pneumocoque et le bacille de Koch. Il a constaté la présence de ces divers microbes, en proportion différente, dans la bile, les

(1) Ch. Richet fils, *loc. cit.*, p. 137.

diverses zones intestinales, l'appendice, l'estomac, le pancréas, le sang et l'urine. Il a trouvé la proportion la plus élevée dans le tube intestinal et notamment dans l'appendice.

Ici se pose le second problème. Charles RICHET fils conclut que l' « appendice est par excellence un organe éliminateur de microbes ».

En discutant le mécanisme de cette élimination microbienne, il signale trois éléments 1° les globules blancs ; 2° les cellules glandulaires ; 3° l'élimination par les brèches de la muqueuse intestinale. « Ce n'est pas, dit-il, parce qu'il y a exode bactérienne intestinale, c'est parce qu'il y a élimination microbienne, qu'il y a lésion. Dans l'*effort* que fait la muqueuse intestinale pour débarrasser notre organisme de tous les germes pathogènes en circulation, les cellules glandulaires et le tissu folliculaire sont lésés par le passage incessant des bactéries. Le résultat est obtenu, mais la victoire est achetée au prix de lésions multiples.... » Au cours de ce texte, l'auteur s'excuse d'avoir employé le terme « effort ». En affirmant cette conviction vitaliste, il peut, ainsi que je l'ai fait, s'abriter sous la haute autorité de RANVIER qui, parlant des cellules épidermiques a dit : « La cellule sait ce qu'elle a à faire et le fait. »

Les conclusions de Charles RICHET fils ne sont pas convaincantes. Que la muqueuse intestinale et le tissu folliculaire luttent contre les microbes qui les traversent, il ne s'agit ici en réalité que d'une réaction quelconque, propre à tous les tissus qui combattent l'envahisseur dans la mesure de leurs moyens.

On ne peut en conclure que l'appendice soit physiologiquement construit pour l'élimination microbienne.

N'est-il donc aucun moyen de distinguer dans la lésion d'un organe, si celui-ci subit l'agent destructeur, ou s'il est organisé pour le détruire, en un mot si cet organe est passif ou actif ?

Ce critérium existe et le raisonnement seul le fournit.

Un organe peut être considéré comme agent actif de défense antimicrobienne ou antitoxique, lorsque ses lésions sont profitables à l'organisme tout entier.

Doit être considéré comme passif tout tissu dont les lésions ne font que suivre l'évolution générale sans provoquer de réaction utile.

A moins que ces deux propositions soient fausses, on ne peut accorder une capacité de défense à l'appendice au cours des infections.

S'il est plus profondément atteint que les autres organes, c'est parce que, sensibilisé de bonne heure, le tissu lymphoïde qui le constitue a créé un « locus minoris resistenciæ ».

Lorsque j'ai invoqué le caractère antitoxique de la glande malpighienne, je me suis appuyé sur la valeur intrinsèque des réactions de la peau à l'égard de la santé générale. Les éruptions « bien sorties » sont favorables au pronostic. Au besoin on les provoque. Toute cause qui active la glande lymphatique profite à l'organisme, même lorsque la glande se trouve exagérément irritée.

Les grandes fonctions peuvent garder leur intégrité malgré une dermite étendue.

On ne peut en dire autant de l'appendice. Chaque fois qu'il est atteint, l'état général s'aggrave.

On ne pourrait conclure d'une manière aussi absolue

pour l'intestin. Le purgatif a toujours été employé comme procédé de traitement. Bien qu'il ne soit pas rare d'en constater un résultat déplorable, s'il est appliqué sans raison judicieuse, il reste le plus souvent un moyen d'action utile.

En tous cas cette action utile ne peut être attribuée à l'appendice, qui apparaît comme la plus vulnérable de toutes les formations intestinales ; il est peut-être utile alors qu'il possède toute son intégrité ; mais dès qu'il est sensibilisé, il ne peut être que néfaste pour l'organisme.

Le gros intestin. — Si la réaction lymphoïde des anses grêles est difficile à suivre, il n'en est pas de même pour le côlon. Les documents ne manquent pas pour permettre d'observer l'évolution pathologique, et distinguer la part qui doit être attribuée aux tissus adénoïde et folliculaire.

Les trois phases de tuméfaction, d'hypertrophie et d'atrophie fournissent des points de repère.

Les deux premières comportent l'épaississement de la paroi.

Au cours des intoxications prolongées, on sent se dessiner, sous le palper, la forme du gros intestin, dans les deux fosses iliaques, sous la forme d'un cylindre dur et douloureux à la pression.

Cette sensation de résistance ne correspond pas à la réalité des lésions. On peut s'en rendre compte lors d'interventions chirurgicales, à l'occasion d'appendicite chronique.

Cette intervention, qui est justifiée par l'amélioration

rapide des troubles de l'état général, ne s'applique qu'à une partie des lésions ; si l'appendice est dur et infiltré, la paroi colique ne l'est pas moins ; elle a perdu sa souplesse, et même les bosselures normales s'effacent dans une couche épaissie.

A cette période, le volume du gros intestin est légèrement accru, d'une manière continue.

Plus tard, lors de la période scléreuse, puis atrophique, on verra. se produire les divers degrés de déformation qu'on rencontre dans les colites chroniques.

La distension mécanique produite par les gaz fera céder des zones de la paroi, entre les bandes fibreuses, et donnera lieu à des dilatations successives des anses coliques ; c'est la phase qui correspond à la «syknokénose» de Léopold Lévi ; l'étape extrême donnera naissance au mégacolon.

Or ce processus, qui exige des années, évolue sans fièvre, sous l'influence de l'intoxication seule.

Il s'accompagne toujours d'autres troubles dans le système de la lymphe, soit sécheresse de la peau, ou myxœdème fruste, soit pharyngite sèche avec asthme, soit névralgies articulaires et névrites toxiques.

Dans l'évolution des lésions coliques, on peut incriminer les altérations du tissu lymphoïde. Quel autre élément pourrait, sous l'influence de substances toxiques ou toxiniques, agir sur les fonctions glandulaires et sur l'évolution conjonctive ?

On sait à quel degré les glandes sont atteintes aux diverses phases de la colite muco-membraneuse, qui débute par l'hypersécrétion muqueuse, pour se terminer par l'exfoliation épithéliale.

Ces troubles évoluent parallèlement aux altérations conjonctives, sans caractère inflammatoire des glandes ou du tissu conjonctif.

Ils présentent le même type qu'on rencontre constamment autour des irritations du système de la lymphe, et sont de même capables de regresser.

En effet, lorsqu'on a pu reconnaître la source toxique, la réparation peut être presque totale, si le traitement intervient avant la période extrême du mégacolon.

Région ano-rectale. — La zone terminale du tube digestif est particulièrement riche en tissu lymphoïde et en vaisseaux lymphatiques.

Leur disposition anatomique, qui a été étudiée spécialement par QUÉNU et par GÉROTA, est importante à retenir ; si on considère la disposition du double réseau veineux, on observe que ce dernier est entouré d'une gaine lymphoïde, et situé entre deux plans de vaisseaux lymphatiques.

Cette région doit donc être d'abord très résistante aux actions toxiques ; mais dès qu'elle est sensibilisée par une atteinte violente, elle doit présenter des phénomènes particulièrement intenses de tuméfaction à chaque décharge nouvelle.

Ce serait ainsi une explication logique des troubles locaux chez les hémorroïdaires.

La tuméfaction du tissu lymphoïde peut suffire à arrêter le cours du sang le long des colonnes et au-dessus des valvules de MORGAGNI.

La large part que peut exercer la pression portale

sur la stase veineuse ano-rectale, n'explique pas tous les faits cliniques.

Il n'est pas douteux que les hémorrhoïdes qui sont accompagnées d'ascite proviennent d'une pression de la veine porte.

Mais les congestions hémorrhoïdaires brusques, qui disparaissent en quelques heures, et coïncident avec des accidents toxiques au niveau du naso-pharynx ou des amygdales, peuvent mieux se concevoir par la tuméfaction de la masse lymphoïde qui encercle les veines ano-rectales.

L'action toxique s'exerce ici localement.

Ainsi la circulation, située entre deux couches de tissu réticulé, subit une gêne chaque fois que ce tissu vient à se tuméfier.

La répétition du même processus crée l'état variqueux des veines, en même temps que le tissu lymphoïde sensibilisé se congestionne plus facilement sous la moindre action toxique.

Plus tard, la gêne de circulation de retour devient constante, les tissus voisins étant hypertrophiés, et déterminant une cause de compression permanente.

La dernière phase est constituée par l'infiltration conjonctive du tissu réticulé. Le retour du sang veineux est tellement réduit que les tumeurs hémorrhoïdales persistent, et déterminent les lésions communément observées, avec leurs complications habituelles.

Il est beaucoup plus simple de considérer qu'à cette période, le rétrécissement est dû à une sclérose conjonctive, plutôt qu'à la contracture musculaire.

Il ne faut pas ici incriminer le sphincter. Si vraiment

il ne s'agissait que des fibres musculaires, on observerait, après la diatation forcée, les mêmes phénomènes qu'après la rupture du périnée dans l'accouchement : la rétention des matières fécales serait impossible pendant un temps assez prolongé; même, devrait-on, après la grande dilatation, telle que l'a instituée le professeur TRÉLAT, recourir ultérieurement à quelque suture. Or il n'en est nullement besoin : lorsqu'on a rompu le cylindre anal rigide, les fonctions se poursuivent, et la contraction musculaire reste efficace.

Ce n'est donc pas le muscle qu'on a rompu, mais bien un cylindre conjonctif, devenu scléreux, au cours des années, dans le tissu réticulé. Le muscle persiste, et reprendra rapidement ses fonctions, à peine atteintes par la dilatation, et désormais libérées du tissu rigide qui entravait son action.

Cette interprétation de la genèse hémorrhoïdaire apporte des indications utiles à la clinique. On observera que le ténesme anal peut apparaître, pendant quelques heures, en même temps qu'un état d'enchifrènement, ou de coryza, puis disparaître en même temps qu'eux ; ou bien que, au début de leur formation, les hémorrhoïdes ne provoquent de la douleur que d'une manière intermittente, et, chaque fois, après un excès ou une crise accompagnée d'une décharge toxique.

Qu'il s'agisse de fermentations gastro-intestinales, de poussée bacillaire, même de réveil de syphilis, les conséquences sont toujours les mêmes, par suite des poisons versés en excès dans la circulation.

Une crise hémorrhoïdaire est donc un symptôme

d'intoxication. Si la cause est connue, elle permet d'en apprécier le degré ; si elle n'est pas connue, elle déterminera le médecin à la rechercher jusqu'à ce qu'il l'ait trouvée.

LES ANNEXES DU TISSU LYMPHATIQUE

Il est classique d'annexer au tissu lymphatique les grandes séreuses et les synoviales articulaires. Il importe donc d'examiner quels sont les rapports qui peuvent être établis entre leurs lésions et l'intoxication de l'organisme.

Les grandes séreuses. — L'étude des réactions séreuses d'origine toxique est entièrement à créer. Les seules lésions bien précisées sont celles qui proviennent d'une inflammation microbienne, donnant lieu à des adhérences, ou à des épanchements, et celles qui sont dues à des phénomènes mécaniques, telles que l'hydrothorax, ou l'ascite des cardio-hépatiques.

Beaucoup d'autres lésions des séreuses conservent une étiologie obscure, et le mécanisme qui leur donne naissance est difficile à saisir.

On constate souvent des adhérences lentement établies, sans élévation de température, comme dans les péri-typhlites.

Dans l'hydrocèle la cause locale échappe à l'examen.

S'agit-il d'une action microbienne locale ou d'une irritation de nature chimique, toxique ou toxinique, procédant de l'état général ?

Les deux processus peuvent avoir évolué sans fièvre.

Dans tous les cas, on trouvera un terrain suspect, et une diathèse obscure.

Il semble que le système lymphatique y joue le premier rôle, et qu'il s'agisse le plus souvent d'épanchements de lymphe, par action toxique.

Sans vouloir discuter cette difficile question, nous devons appeler l'attention sur un point de pathologie, qui paraît se rattacher au système lymphatique du mésentère, ou des épiploons, et qui n'est pas encore éclairci : les tumeurs inflammatoires.

Les cas qui ont été présentés à la société de chirurgie n'ont donné lieu à aucune explication claire, clinique ou histologique. Les observations publiées signalaient seulement l'existence de masses atypiques, sans éléments néoplasiques. Elles siégeaient toujours dans une nappe péritonéale. Les interventions chirurgicales n'ont rien démontré, soit qu'on ait extirpé une partie de la masse infiltrée, soit qu'on l'ait respectée.

Nous avons pu suivre plusieurs de ces cas, qui, tous, déconcertaient le diagnostic.

Les conclusions que nous pouvons formuler les ont ramenées à des lymphocèles viscérales, d'origine toxinique, évoluant parallèlement à des états myxœdémateux plus ou moins frustes, et, dans un cas particulier, avec un état éléphantiasique.

Il est intéressant de se reporter à la conception du maître Er. Besuier sur l'éléphantiasis, développée par Dominici dans la « Pratique Dermatologique », et concluant que « l'éléphantiasis des viscères existe a priori » (1).

____

(1) Dominici : *La Pratique Dermatologique*, t. II, p. 358.

Dans nos cas personnels (1), les lésions, qui consistaient en une masse épaisse siégeant dans l'abdomen, avec toutes les apparences d'un néoplasme, ont évolué spontanément vers la guérison.

Sur huit cas observés, nous avons pu, sept fois, reconnaître l'existence de l'hérédo-syphilis, et dans trois cas, la coexistence de lésions avancées de la glande lymphatique cutanée et de paralysie générale.

L'un des cas est apparu chez une femme atteinte de tuberculose.

La seule différence observée entre le type bacillaire et le type syphilitique, consistait en ce que le premier seul comportait des phénomènes douloureux.

Le groupement de ces cas de tumeurs inflammatoires nous avait déjà, en 1913, conduit à leur attribuer une origine toxinique, agissant sur le système lymphatique péritonéal ou épiploïque.

Entre les lymphocèles et l'éléphantiasis, le mécanisme est peu différent ; il s'agit seulement du degré de périphlébite lymphatique, intéressant plus ou moins le tissu conjonctif circonvoisin.

La lésion essentielle réside dans les vaisseaux lymphatiques péritonéaux.

On peut donc admettre qu'il puisse exister des épanchements de lymphe, sous une influence toxique ou toxinique, sans qu'un élément microbien local soit présent.

---

(1) J. AUDRAIN : *Lymphatiques et Lymphocèles*, Valin Caen, mars 1913.

La même théorie peut s'appliquer à toutes les séreuses viscérales.

Les synoviales articulaires. — Les synoviales articulaires relèvent du système lymphatique. Au point de vue de la défense antitoxique, elles ne paraissent pas destinées à jouer un rôle actif. Elles prennent place après le tissu réticulé, comme élément passif.

Le premier rôle étant rempli par la glande malpighienne, organe sécréteur, les fonctions lymphoïdes occupent un rôle moindre, possédant une action antitoxique faible, et une sensibilité très vive aux poisons. Les synoviales ne présentent aucune activité antitoxique, et seulement une sensibilité tardive et durable.

Il importe de préciser ce caractère. C'est aux troubles articulaires que nous devons les termes les plus obscurs de la pathologie.

Le « rhumatisme », l' « arthritisme » servent plutôt à desservir la science médicale qu'à l'éclairer. C'est sous le couvert de cette terminologie, que s'abritent la plupart des parasites de la médecine.

Il serait utile de fournir aux esprits qui aiment la clarté, une précision plus exacte.

La théorie antitoxique de la lymphe permet cette exactitude.

On doit diviser les arthrites en deux groupes : 1º les arthrites septiques ; 2º les arthrites toxiques ou toxiniques.

Nous n'avons pas à considérer les arthrites septiques, qui sont connues, et relèvent du domaine chirurgical.

Les arthrites toxiques sont les plus fréquentes, et par conséquent les plus importantes.

A la source de toute arthrite non inflammatoire, on doit retrouver une action toxique ou toxinique.

C'est l'altération de la lymphe qui préside à leur apparition. Tant que la lymphe conserve son intégrité, il n'existe pas de douleurs articulaires, ni d'irritation des synoviales.

Lorsque la lymphe est devenue toxique, les synoviales s'épaississent et le tissu conjonctif se développe autour d'elles.

C'est dans l'intoxication, seule, qu'il faut chercher la cause et le mécanisme du rhumatisme chronique et de l'arthritisme. On attribue généralement une relation de cause à effet entre des lésions qui ne sont que parallèles, et résultent toutes d'une origine commune.

Les arthropathies tabétiques ne procèdent pas des lésions nerveuses. La cause en est la syphilis, qui détermine, d'une part, la sclérose médullaire, et d'autre part, celle des synoviales.

Les lésions sont soit irritatives, soit inflammatoires suivant que le processus est chimique ou microbien. En tous cas, elles ne sont pas d'ordre trophonévrotique.

Les « arthropathies hypertrophiantes pneumiques » résultent de la coexistence de la syphilis pulmonaire (pneumonie blanche) et d'ostéo-arthrite syphilitique.

Les arthrites déformantes des thyroïdiens sont du même ordre : altérations glandulaires d'origine toxinique, et altérations synoviales procédant de la même cause.

La tuberculose est, aussi fréquemment que la syphilis, l'origine de lésions articulaires ; elle agit soit par ses toxines (rhumatisme des tuberculeux), soit par le bacille « in situ ». On la diagnostique de bonne heure.

Au contraire on ne pense jamais assez au tréponème, ou bien on hésite à le découvrir. Toutefois, depuis quelques années, la question s'est développée. On peut citer à cet égard l'hydarthrose récidivante du genou, à laquelle on attribue volontiers une origine syphilitique.

Il en est de même pour beaucoup d'autres arthropathies, en particulier celles du tabes, qui sont bien des lésions syphilitiques. (1)

L'attention clinique doit s'attacher à distinguer, dans les lésions articulaires, celles qui sont inflammatoires, produites par une action microbienne, des lésions irritatives, dues à des substances chimiques toxiques ou toxiniques.

Les premières sont localisées ; les secondes sont tantôt poly-articulaires, tantôt changent de foyer suivant le degré de fatigue imposée à l'une ou l'autre région.

RÉSUMÉ DU CHAPITRE II

Le « *système de la lymphe* » comporte comme annexes de la glande malpighienne primordiale, des formations diverses, qui sont : le tissu lymphoïde, les grandes séreuses, et les synoviales articulaires.

(1) Thèse de BARRÉ, Paris, 1912.

Le tissu lymphoïde, qui posséderait, dans son réticulum, des filaments analogues aux ponts de passage, diffère du corps muqueux en ce que la circulation de la lymphe y est nulle, les voies d'excrétion faisant défaut.

La sensibilité aux actions toxiques y est aussi vive, et se manifeste immédiatement par la tuméfaction, qui donne naissance au tissu « muqueux », semblable à l'infiltration du myxoedème ou de l'éléphantiasis.

Les organes lymphoïdes sont plus passifs qu'actifs, et indiquent par leur accroissement de volume toute présence de poisons dans le sang.

Malgré leur sensibilité commune, ces organes ne sont pas atteints tous en même temps.

Ils se sensibilisent suivant un ordre constant, qui correspond aux dates de leur développement ; la couche adénoïde du nez antérieur se forme dès la naissance ; successivement, aux divers âges, l'arrière-nez et les bronches, le naso-pharynx, les amygdales, plus tard l'appendice, enfin la région ano-rectale, atteignent leur complet degré d'évolution ; tous subiront les uns après les autres l'influence toxique ou toxinique, dans les cas d'intoxication prolongée.

Les troubles pathologiques comportent trois phases : 1º congestion avec tuméfaction ; 2º hypertrophie et hyperplasie ; 3º sclérose avec atrophie.

La langue présente un type spécial, qui persiste pendant toute la vie ; l'état saburral y est dû à l'altération des éléments de la lymphe, vaisseaux lymphatiques et tissu adénoïde, sous l'action des poisons et non pas sous l'action de la fièvre.

Les grandes séreuses sont vulnérables à l'influence de

l'intoxication, cependant à un degré beaucoup moindre
que le tissu lymphoïde.

Les synoviales articulaires sont sensibilisées plus
tardivement que le tissu lymphoïde, et plus fréquemment
que les séreuses ; elles présentent trois phases pathologiques, ainsi que les organes lymphoïdes : congestion
avec douleur, puis hyperplasie, puis sclérose.

C'est leur sensibilité aux toxiques qui préside au
« rhumatisme » et à « l'arthritisme ».

[illegible]
[illegible]

[illegible]
[illegible]
[illegible]
[illegible]

[illegible]

DEUXIÈME PARTIE

LA DÉFENSE ANTITOXIQUE DE L'ORGANISME

CHAPITRE PREMIER

CONSIDÉRATIONS GÉNÉRALES

Dans la première partie, nous montrons les éléments du système de la lymphe en jeu, chaque fois qu'il se produit dans l'organisme une pénétration toxique ou toxinique.

Le système de la lymphe ne constitue cependant qu'une partie de l'appareil complet de la défense. Le foie et les glandes endocrines y contribuent, bien qu'à des degrés différents.

Le système de la lymphe doit occuper la première place, parce qu'il a été jusqu'ici méconnu, et qu'on ne peut concevoir la défense organique sans en tenir le plus grand compte.

C'est l'anneau manquant de la chaîne endocrinique. Cet enchaînement est si fortement établi que tout poison soluble, pénétrant dans la circulation sanguine, doit être instantanément détruit, sans avoir le temps de provoquer des désordres dans le fonctionnement des grandes fonctions vitales.

Si ces désordres se produisent, c'est une preuve que le poison est d'une violence supérieure aux ressources de la défense, soit parce qu'il est en effet d'une virulence extrême, soit que la défense soit inférieure à la normale.

Il ne s'agit ici que des éléments chimiques inertes ; nous avons déjà insisté sur la différenciation absolue qu'il faut maintenir entre eux et l'action microbienne directe.

Celle-ci relève des éléments du sang, des macrophages. On sait maintenant que des microbes peuvent vivre en permanence dans l'organisme, et cette question est loin d'être épuisée ; mais leur présence n'a qu'un rapport indirect avec la défense antitoxique ; elle se manifeste par les toxines sécrétées, auxquelles s'ajoutent les produits de l'autolyse cellulaire.

C'est un caractère capital à retenir. Nous verrons en effet que la permanence d'éléments microbiens dans l'organisme est tellement fréquente qu'on pourrait la considérer comme la règle, et non pas comme une exception. Or on ne possède que peu de moyens pour en connaître la présence, si ce n'est par des recherches de laboratoire, tandis qu'un praticien isolé peut en être averti par l'action de leurs toxines sur les organes de défense.

Pendant une longue période les symptômes seront à peine indiqués, et seulement à l'occasion de crises ; mais à mesure qu'on peut comparer l'aggravation des troubles, on peut préjuger des accidents futurs, et connaître longtemps d'avance la phase réellement grave, celle qui constitue l'état d'imminence morbide.

C'est dans ce cas qu'il faut invoquer comme comparaison, la goutte d'eau faisant déborder le verre.

Tant que les toxiques sont détruits, il n'y a pas de symptômes fâcheux ; puis, brusquement, en pleine santé, éclatera une crise de fausse angine de poitrine ou un eczéma généralisé, ou telle autre crise toxique.

Si d'année en année on pouvait indiquer aux sujets qui se croient en pleine santé, la marche progressive de l'intoxication, on aurait plus facilement l'autorité nécessaire pour enrayer les fautes, et rétablir l'équilibre physiologique. Ce qu'il importe donc de préciser, c'est la série des symptômes qui marquent les étapes du surmenage antitoxique.

Le processus est complexe dans la majorité des cas. Il est facile d'en observer l'évolution, lorsque l'intoxication est déjà constituée, et s'accroît constamment, mais ce n'est là qu'une période beaucoup trop tardive pour permettre une thérapeutique utile.

Presque toujours une phase hypertoxique est suivie d'une période de repos, pendant laquelle la défense se reprend, puis se reconstitue.

A la poussée congestive hypercrinique d'une glande, suivra d'abord un ralentissement sécrétoire, puis un arrêt, alors qu'un autre organe entrera en activité pour se saturer bientôt. Lors de l'accalmie, le retour des sécrétions, disparues momentanément, apportera au syndrome d'ensemble une confusion profonde.

C'est pourquoi il faut étudier isolément tous les organes

qui concourent à la défense, et dont beaucoup nous sont encore en partie inconnus.

Quand leurs caractères individuels seront universellement admis, tout médecin sera capable de juger de l'état d'épuisement plus ou moins avancé d'un individu, et les pronostics y gagneront en précision.

Il n'est pas inutile d'analyser les propriétés particulières des poisons solubles qui provoquent la mise en action des glandes antitoxiques. Ces propriétés sont très diverses, et leur action sur l'organisme varie avec chacun d'eux; les conditions qui accompagnent leur pénétration fournissent des documents multiples. L'étude peut en paraître parfois puérile; c'est cependant une œuvre nécessaire de les examiner une à une. Nous ne prétendons ici que poser un programme de recherches ; le corps médical aura vite réussi à l'établir, si l'observation de chacun vient à s'y appliquer.

Nous examinerons donc successivement les organes qui concourent à la défense, c'est-à-dire le foie et les glandes endocrines ; puis les poisons solubles, toxiques et toxiniques.

Cette étude fournira des documents suffisants pour établir les lois de la défense, antitoxique, et par suite, celles de l'équilibre organique.

Les glandes de la défense antitoxique.

Le premier organe antitoxique est le foie. Nous avons montré que la glande lymphatique présente une puissance analogue. C'est dans l'activité de ces deux organes qu'il faut chercher les éléments essentiels de la défense.

Les autres glandes, corps thyroïde, hypophyse, glandes surrénales, rate, ovaire, testicule, prostate, pancréas, etc., ne sont atteintes que secondairement, lorsque l'intoxication est déjà avancée, et que le foie et la glande lymphatique sont au moins fatigués, sinon épuisés.

En établissant cette séparation entre le groupe primordial et le groupe accessoire, on se trouve d'accord avec deux phases de la pathologie générale : l'une où le foie et la lymphe suffisent à la protection des fonctions vitales et au maintien du chimisme organique ; l'autre, qui commence à l'état toxique constitué, et qui est entièrement pathologique, tous les éléments de défense entrant en jeu soit isolément soit successivement, soit par groupements.

LE FOIE

Histo-pathologie du foie. — Le foie remplit un triple rôle : 1° la fonction biliaire dont on connaît la nature glandulaire; 2° la fonction glycogénique qui paraît nettement située dans le parenchyme hépatique; 3° une fonction antitoxique dont l'élément actif n'est pas précisé.

C'est cette dernière qu'il importe d'étudier, attendu qu'elle se place en tête de la défense organique comme date d'activité, puisqu'elle existe déjà chez le fœtus, et aussi comme importance, puisque ses altérations sont bientôt suivies de troubles de l'état général.

Les deux premières fonctions ne sont pas toutefois

indifférentes. Quand nous avons étudié le système de la lymphe, nous ne lui avons pas trouvé d'autre rôle que celui de lutter contre les poisons solubles; cette lutte resterait silencieuse, si la sensibilisation du tissu lymphoïde n'en soulignait les phases.

Le système de la lymphe est apparu ainsi destiné exclusivement à la lutte antitoxique.

Il n'en est pas de même pour le foie, et ses fonctions collatérales peuvent servir utilement de mesure.

Nous verrons toutefois que la fonction antitoxique peut s'exercer longtemps sans troubler les deux autres, et que lorsque celles-ci sont altérées, c'est une preuve que l'intoxication est réellement grave.

Il faut donc chercher dans les études anatomo-pathologiques du foie s'il existe un élément capable de nous orienter vers les origines de la fonction antitoxique.

Puis nous nous efforcerons d'établir les relations cliniques qui existent entre l'activité antitoxique et les troubles biliaires ou glycogéniques.

Éléments anatomo-pathologiques. On trouve, dans l'important travail du docteur Géraudel, des indications de la plus haute valeur. L'auteur a porté son attention sur un élément singulier, les « fibres d'Oppel », et a combattu la théorie conjonctive des Allemands, qui les avaient d'abord étudiées. Il a signalé leur épaississement au début de l'intoxication. S'il n'a pas conclu en faveur du caractère antitoxique des fibres radiées, il n'y manque que la formule, tant on se rend compte de l'intérêt qu'il a pris à étudier cet élément histologique, et ses caractères pathologiques.

Nous ferons donc de larges emprunts à sa documentation.

Géraudel a développé d'abord une différenciation, d'origine embryonnaire, entre le parenchyme hépatique et le bourgeon biliaire.

L'arbre biliaire procède évidemment d'une évagination de l'intestin primitif, par conséquent appartient à l'endoderme.

Cet auteur conclut que le parenchyme hépatique est de formation plus tardive, et naît de cellules différentes. Il insiste sur l'irrigation sanguine, qui est assurée par l'artère hépatique pour l'arbre biliaire, et par la veine porte pour le parenchyme.

Il n'admet pas cependant que le parenchyme procède du mésoderme. Il prend comparaison de l'axe cérébro-spinal, au niveau duquel l'ectoderme a pu donner naissance, successivement, aux méninges et à l'axe nerveux, si différents soient-ils.

Le parenchyme hépatique serait une formation séparée relevant de l'endoderme.

Nous ne prendrons pas part à cette discussion, si intéressante soit-elle ; mais il n'est pas douteux que l'évolution du parenchyme hépatique le rattache bien plus à l'endoderme qu'au mésoderme. La théorie de Géraudel paraît donc logique et peut être acceptée en principe.

Les points qui nous intéressent davantage sont ceux qui concernent la différenciation établie entre la zone porte et la zone sushépatique, au point de vue pathologique.

Géraudel montre que, dans les grandes hépatites, les

lésions vont s'accroissant de la zone biliaire au parenchyme, et atteignent leur maximum autour des veines sus-hépatiques.

Il apparaît nettement que les sinus sus-hépatiques sont passifs au cours de l'inflammation. On n'y rencontre pas les phénomènes réactionnels habituels aux tissus de défense, qui présentent toujours, en pareil cas, un caractère d'hypertrophie.

De même la région biliaire reste à peu près indemne et ne montre pas de désordre cellulaire.

C'est donc entre la région biliaire et les sinus sus-hépatiques qu'il faut chercher les éléments actifs de la lutte antitoxique.

Dans cette zone du parenchyme, GÉRAUDEL décrit avec le plus grand soin ces éléments singuliers que constituent les fibrilles élastiques fuchsinophiles — fibrilles en treillis — « Gitterfasern » des Allemands, — fibres radiées et fibres enveloppantes d'OPPEL.

La théorie allemande accordait à ces fibrilles un vif intérêt ; elles étaient considérées comme des formations conjonctives ; d'où l'étiologie des cirrhoses fibreuses.

Le grand mérite de GÉRAUDEL est d'avoir démontré que ces fibrilles ne sont pas de nature conjonctive ; qu'elles n'ont aucun rapport avec les gaines glissoniennes, et qu'elles sont au contraire formées d'un tissu spécial, d'évolution différente des cellules voisines ; de plus il a reconnu que ce sont les premiers tissus qui s'hypertrophient dans les états toxiques. Elles rappellent donc les caractères des ponts de passage du corps muqueux de la peau.

Bien que les deux derniers éléments soient différents
d'aspect, on ne pourra se défendre de leur accorder
une singulière analogie. Les filaments d'union tels que
les a décrits RANVIER, tels que BRANCA les précise peu
de temps après, apparaissent comme formés d'un tissu
singulier, hyalin, différent du tissu conjonctif.

La substance qui les constitue n'est pas connue ; on
sait seulement qu'elle est née d'un syncitium, qu'elle
s'est formée tardivement, qu'elle ne participe point aux
phénomènes caryocinétiques des cellules voisines, qu'elles
sont sensibles aux actions chimiques, acides ou alcalines, et que cette sensibilité se traduit par un accroissement de volume. Dans le travail de GÉRAUDEL, on
rencontre des conclusions identiques, au sujet des
fibres d'OPPEL, soit radiées, soit enveloppantes.

Cet auteur, après une longue discussion, nous montre
ces éléments comme étant différents du tissu conjonctif.
Il conclut que ces fibrilles, dont il ne retient que le
caractère fuchsinophile, sont nées d'un syncitium, puis
s'en sont détachées pour prendre une individualité
propre, se disposant autour des cellules, ou traversant
le réseau conjonctif glissonien. Dans les hépatites
d'origine toxique, ces fibrilles seraient les premières
atteintes. Leur importance serait telle, que l'accroissement de volume du foie, chez les intoxiqués, pourrait
procéder uniquement de leur accroissement de volume,
les autres éléments restant à peu près normaux.

Ces fibrilles, qui n'existent qu'à l'état d'ébauche
(Autaka kon) au 4me mois de la vie fœtale, se dévelop-
peront progressivement jusqu'à constituer un riche
treillis, lors de la naissance.

Au cours de cette évolution, les fibrilles ont pris deux aspects, les unes enveloppantes, qui donnent l'apparence d'un contour cellulaire « Unspinnende Fasern », les autres à trajets directs, s'irradiant (« Radiarfasern » d'Oppel).

Plus tard ces fibres s'isolent du syncitium primitif, formant les fibrilles en treillis qui unissent les cellules hépatiques (Gitterfasern).

Géraudel a repris l'étude de ces fibrilles en treillis, suivant une technique spéciale de coloration (bleu polychrome Van Gieson Xylol lent), et conclut qu'elles ne sont pas constituées par de l'élastine, ni par une substance collagène, mais que leur nature est à préciser.

Cette conclusion, toute personnelle à Géraudel. rappelle la nature des filaments d'union.

On pourrait noter une autre analogie singulière.

On sait que la veine porte se vide après la mort, ainsi que les artères ; cependant sa constitution n'explique pas ce phénomène. Ne serait-il pas dû à l'infiltration «post mortem», des fibrilles en treillis qui l'environnent, et qui présentent ainsi une analogie physiologique absolue avec les filaments d'union dans leur qualité « d'ultimum moriens ».

Discutant la circulation lymphatique du foie, Géraudel a réuni les théories diverses. — Suivant les uns, elle n'existe pas dans le parenchyme ; d'autres ont signalé des espaces péricapillaires isolant les vaisseaux des cellules. Disse y décrit même une paroi propre.

N'existerait-il point autour des fibrilles fuchsinophiles des espaces analogues à ceux du corps muqueux ?

La description de DISSE peut s'adapter exactement aux origines lymphatiques malpighiennes.

Dans l'ignorance où nous sommes de la source à laquelle le foie puise son activité antitoxique, nous devons chercher la solution du problème dans les moindres indices.

La théorie de la cirrhose conjonctive, due au développment des fibres en treillis, perd toute valeur dès qu'il est démontré que ces fibres ne sont point d'origine conjonctive.

Il est plus logique de proposer la théorie d'un processus de défense, dont les fibrilles fuchsinophiles constituent l'élément essentiel, de la même manière que les filaments d'union créent la papule d'urticaire en présence d'une substance irritante. Nous puiserons dans l'œuvre du docteur GÉRAUDEL les principes de la discussion (1).

Cet auteur montre la structure particulière des capillaires hépatiques, constitués par un tube protoplasmique parsemé de noyaux, par un tissu syncitial. Ces capillaires traversent le parenchyme même.

En amont de ces capillaires, la veine porte possède un endothélium régulier avec cellules indépendantes juxtaposées.

V. KUPFFER a décrit la présence de cellules étoilées, et V. PLATEN démontre que si on injecte au lapin une solution concentrée de carmin, les grains de carmin s'accumulent dans les cellules. PONFICK confirme la fixation dans les mêmes cellules des substances granulées circulant dans le sang. ASH affirme le même fait pour les

(1) GÉRAUDEL, *loc. cit.*, p. 106.

grains de cinabre, les granulations ferriques au cours de l'anémie pernicieuse, les globules rouges altérés.

Or ces cellules étoilées de KUPFER ne sont pas des cellules ; elles ne représentent qu'un syncitium dont des prolongements s'étendent à travers les cellules hépatiques ; ces prolongements sont granuleux jusqu'au sixième mois de la vie fœtale, puis peu à peu prennent l'apparence de fibrilles de tissu transparent.

D'après l'embryologie et les notions histologiques, on pourrait donc considérer que les trois éléments qui correspondent aux trois fonctions du foie sont : 1° l'arbre biliaire, qui possède une indépendance propre ; 2° le parenchyme, dont les cellules assurent la fonction glycogénique ; 3° les fibrilles fuchsinophiles, avec ou sans espaces lymphatiques péricapillaires, assurant la fonction antitoxique.

La trame conjonctive est fournie par les dépendances de la capsule de GLISSON. Les fibrilles ne sont pas destinées à créer l'armature de soutien.

GÉRAUDEL se range à l'opinion de TEICHMAN, HERING, KOLLIKER, en n'admettant pas dans le foie d'origines lymphatiques péricapillaires ; mais ne se produit-il pas à ce niveau les même phénomènes cadavériques que dans le corps muqueux, dont les espaces ne sont perméables que pendant quelques heures ?.

C'est un point à réserver. Max GILLARY, KISSELIN, ASP, V. VITTICH, BUDGE, DISSE, STOHR, V. EBNEF, F. MALL, cités par GÉRAUDEL, ont signalé la présence d'espaces injectables, communiquant avec les troncs lymphatiques. On pourrait admettre que ces espaces existent, mais qu'ils ne sont injectables que dans certaines conditions déterminées, c'est-à-dire lorsque les fibrilles ne sont pas hypertrophiées par un état morbide durant la vie, et lorsque l'examen a été pratiqué très peu de temps après la mort.

D'autres faits sont à retenir. Les fibrilles fuchsino-philes présentent une évolution indépendante des cellules parenchymateuses. Nées plus tardivement au cours de la vie fœtale, elles ne prennent leur entier développement que peu avant la naissance. Elles sont en contact immédiat avec ces cellules, et pourtant elles ne participeront ni à leur activité karyocynétique ni à leur hyperplasie.

Elles restent de même distinctes des formations conjonctives glissonniennes à travers lesquelles elles gardent leur continuité régulière. Ces caractères sont identiques à ceux relevés par RANVIER, par BRANCA dans l'évolution des filaments d'union.

Les phénomènes pathologiques, très étudiés histologiquement par GÉRAUDEL, apportent de nouvelles analogies. Dans le foie cardiaque, on observe des espaces lacunaires dans la zone sus-hépatique. Cet auteur pense qu'ils sont « constitués par d'anciens capillaires vides et aplatis, et d'espaces intrabéculaires correspondants » (1). Or on peut observer ces mêmes espaces lacunaires dans des altérations analogues de la peau, dans une région entièrement dépourvue de vaisseaux (stratum intermedium).

Du reste, on trouve dans le même ouvrage la compa-

---

(1) RANVIER : *Ac. Sc.*, janv. 1899. — BRANCA : *Soc. Biol.*, p. 440, 1899. — GÉRAUDEL : *loc. cit.*, p. 192. — GÉRAUDEL, *loc. cit.*

raison entre le processus pathologique du foie et celui de la peau. Il met en parallèle la néoformation cellulaire de la région porte, accompagnée de l'exfoliation sus-hépatique, et l'activité du corps muqueux suivie de l'exfoliation de la couche cornée. Les formations lacunaires, qui se produisent dans les deux cas, doivent pouvoir s'expliquer sans incriminer les vaisseaux ; elles résulteraient d'un processus atrophique.

Un autre fait est à retenir,— c'est la différence d'aspect des fibrilles dans le foie cardiaque et dans les cirrhoses toxiques.

Dans le premier cas, les fibrilles sont légèrement épaissies, prenant mal les colorants, présentant une sorte d'œdème fibrillaire, bien différent de l'hyperplasie observée dans la cirrhose.

On trouve dans l'épiderme la même différence entre l'œdème mou, d'origine mécanique, et l'œdème dur, dû à l'hyperplasie active de défense.

L'individualité des fibrilles en treillis va se préciser à mesure que Géraudel analyse les diverses altérations du foie.

Dans les troubles purement biliaires, au cours de lithiase avec rétention, il note l'hyperplasie des gaines conjonctives glissonniennes, des canalicules biliaires, du parenchyme hépatique, alors que les fibrilles fuchsinophiles sont plutôt amincies.

Le type inverse se présente dans l'intoxication. Il faut excepter les atteintes toxiques d'extrême violence (injection expérimentale de phosphore, fièvre jaune), à la suite desquelles on n'observe que des modifications cellulaires.

Dans l'intoxication lente, progressive, l'épaississement des fibres radiées prédomine sur tous les autres
phénomènes d'hypertrophie ou d'hyperplasie.

C'est ce développement qui a frappé les premiers
observateurs et qui a donné lieu à la théorie de la cirrhose
conjonctive. Géraudel fournit à ce sujet une abondante documentation technique, et conclut que les fibrilles
fuchsinophiles ne peuvent en aucune manière être considérées comme de nature conjonctive, ni élastique, ni
collagène et n'en ont que l'apparence, enfin qu'elles sont
de nature non encore déterminée.

Il dit notamment que l'accroissement de consistance
du foie est dû aux fibrilles plus nombreuses, plus volu-
mineuses, prenant mieux les colorants et qu'à l'examen
histologique, ce sont elles qui attirent tout d'abord l'attention, le parenchyme paraissant d'aspect normal.

Nous ne pouvons citer en entier l'importante discussion fournie dans l'œuvre de Géraudel (1). Nous recueil-
lons seulement sa conclusion attribuant aux fibrilles
fuchsinophiles un rôle essentiel dans l'activité du foie
au cours des hépatites toxiques, et uniquement dans
ces formes.

Nous avons déjà signalé à deux reprises que la théorie
sur laquelle nous nous appuyons, en ce qui concerne la
nature des filaments d'union de Ranvier et les fibrilles
fuchsinophiles de Géraudel, n'est pas en accord avec
les derniers travaux publiés, notamment par Ramon
Cajal.

Loin de vouloir discuter la valeur des démonstrations

(1) Géraudel, *loc. cit.*, p. 233.

de ce maître incontesté, nous pensons qu'il pourrait être des points importants à élucider dans l'avenir, et qui permettraient de raisonner désormais, non sur des hypothèses, mais sur des certitudes.

Ramon Cajal du reste accorde une identité de nature entre les deux éléments précités, ponts de passage du corps muqueux de Malpighi, et fibres hépatiques d'Oppel.

Il rencontre la même substance dans le tissu réticulé des ganglions, dans l'amygdale, le tissu lymphoïde, le tissu cellulaire, même dans les muscles, et dans les fibres de Purkinje cardiaques.

En ce qui concerne les ganglions et le tissu lymphoïde, ces nouveaux documents viendraient appuyer la théorie qui nous fait rattacher tout cet ensemble au système de la lymphe, et, d'une manière plus générale, au système de la défense antitoxique.

L'écart existe entre les conclusions de Ramon Cajal et celles de Géraudel, quant aux origines.

Le premier revient à la théorie allemande de la nature conjonctive de ces filaments. Il reconnaît, comme Géraudel, que le tissu n'est pas collagène, mais il le rapproche de l'élastine.

Ce dernier, au contraire, refuse toute analogie essentielle entre les fibrilles fuchsinophiles et le tissu conjonctif glissonien, dans leur mécanisme de formation et dans leur destination physio-pathologique.

Or Géraudel s'appuie principalement sur l'évolution pathologique ; s'il indique une différentiation histologique, d'après la coloration suivant la méthode qu'il préconise (Van Gieson xylol lent), il insiste davantage sur le développement différent du tissu conjonctif glissonien et des fibres d'OPPEL, au cours des cirrhoses toxiques. Il insiste surtout sur l'accroissement de volume limité à ces fibres.

Or c'est sur ce terrain que nous appelons la discussion. Les filaments d'union sont, de même, capables d'augmenter rapidement leur volume sous l'action chimique.

Toutes les interprétations que nous donnons au singulier phénomène de l'occlusion spontanée des espaces libres malpighiens, à la formation de la papule, de la vésicule, du myxœdème etc, reposent sur cette hypertrophie spontanée.

Que la tuméfaction des ganglions ou des amygdales procède du même mécanisme, rien de plus logique.

_ Mais l'assimilation au système conjonctif constitue une contradiction.

La discussion est moins d'ordre histologique, que d'ordre histopathologique.

Nous conservons donc la même formule à notre « pétition de principe », à laquelle des travaux ultérieurs apporteront une dénégation ou une confirmation.

Éléments cliniques.

Quel que soit le mécanisme exact de la fonction antitoxique du foie, on ne peut en discuter l'importance. Tout élément permettant au médecin de pouvoir en mesurer le degré d'activité doit être retenu avec attention. C'est à la clinique qu'il faut demander les indications nécessaires. Les méthodes sont nombreuses, et aucune d'elles ne peut suffire seule à éclairer le jugement.

Les documents peuvent être fournis : 1º par le degré des troubles apparaissant dans l'organisme, à l'occasion d'une pénétration toxique accidentelle ou habituelle ; 2º par l'état des fonctions collatérales du foie, fonction biliaire ou glycogénique ; 3º par l'état des autres organes de la défense, système de la lymphe et glandes endocrines.

Si la glande malpighienne doit retenir les poisons qui ont pénétré dans la circulation sanguine, quelle que soit leur origine, le foie est particulièrement disposé pour arrêter et détruire ceux qui proviennent des « ingesta ». Il y fournit une activité constante, dont le degré, et surtout l'efficacité, sont difficiles à mesurer. Les variations appréciables du volume de l'organe et sa sensibilité douloureuse relèvent des états graves.

C'est par la recherche des petits symptômes qu'on peut seulement connaître l'épuisement plus ou moins proche de la défense hépatique.

Action antitoxique.

De toutes les méthodes directes de contrôle facile, une est à retenir, — l'épreuve par le bleu de méthylène.

Un foie actif retient et détruit les substances étrangères qui le traversent. Donc, le bleu, qui paraît dans les urines à des doses variables suivant les sujets, peut servir de mesure.

La dose moyenne de l'individu en état de santé paraît être de 4 à 5 milligrammes par jour, pendant plusieurs jours.

L'apparition de la coloration urinaire à des doses moindres indique une destruction incomplète.

C'est là une indication de valeur, bien qu'il faille en répéter l'emploi. Cependant ce n'est pas actuellement qu'on peut en tirer profit.

Cette épreuve est utile lorsque le sujet est en état de santé apparente. Elle permet de distinguer les phases de résistance des périodes d'infériorité chez un même sujet. Elle permet encore, en comparant deux individus, d'accorder à l'un une plus grande activité de défense hépatique qu'à l'autre, bien que tous deux paraissent en bonne santé. Au cours des états pathologiques, il n'en est plus de même. Les conclusions formulées d'après l'épreuve du bleu ne concordent pas toujours avec les faits cliniques, et sont parfois contradictoires.

La variété des réactions individuelles est trop grande, pour permettre de les interpréter avec certitude.

On peut réserver ce procédé pour apprécier le degré d'intégrité de la santé, souvent plus apparente que réelle, et prévoir un état prochain de vulnérabilité.

Le meilleur moyen que nous possédions de connaître approximativement l'état du foie consiste dans l'analyse étroite des petits incidents morbides. Les sujets qui déclarent avoir un « estomac délicat » sont faciles à étudier, d'après les troubles digestifs qu'ils présentent.

Ces sujets relèvent déjà de la pathologie ; cependant les masses sont tellement habituées à ne pas tenir compte des petits malaises, que ce serait déjà un progrès que de savoir estimer ceux-ci à leur véritable valeur.

Dans quelques années, il sera peut-être possible de prendre comme base médicale l'être sain, et de pouvoir mesurer toutes les étapes qui, en pleine apparence de santé, l'acheminent vers la maladie.

Actuellement, nous devons limiter la discussion aux états déjà troublés, congénitaux ou acquis.

Les indications morbides y sont fréquentes ; mais elles peuvent ne présenter aucune gravité pendant plusieurs années, pourvu qu'on surveille le régime alimentaire et qu'on se protège du froid, de la fatigue.

Chez les uns, il ne s'agit que d'insuffisance sécrétoire, congénitale, compatible avec une existence prudente. Chez d'autres, les petits malaises sont les seuls indices d'une bacillose en évolution, qu'on diagnostiquera plus tard, lorsque les lésions définitives seront constituées ; la période morbide éclatera brutalement par une crise toxique, après un excès.

Quel que soit le cas, on attend souvent qu'un symptôme grave se produise pour prendre l'alarme.

Si les méthodes de laboratoire se sont multipliées au cours de ces dernières années, c'est précisément à cause de l'ignorance où nous sommes des troubles latents, que nous sentons obscurément altérer l'organisme. Les maîtres peuvent se former ainsi une opinion avant l'éclatement des lésions ; mais il n'en est pas ainsi pour le praticien isolé.

C'est pourquoi les menus symptômes, qui sont capables de nous avertir, doivent être retenus.

Une « indigestion » fournit un document, qui permet de juger, d'après l'intensité des symptômes par rapport à l'agent toxique, quel degré de défense présente le foie.

S'il s'agit d'un accident survenant à une famille entière, le degré de gravité des symptômes prend une valeur de comparaison considérable.

On peut observer ce fait en cas d'intoxication par les coquillages. Pour une quantité de substance toxique ingérée dans des proportions à peu près égales, on constate que les uns sont violemment atteints, alors que d'autres restent indemnes ou à peine troublés.

Les cas collectifs de ce genre sont relativement rares. On doit se contenter le plus souvent de rechercher s'il survient des malaises gastro-intestinaux, et de préciser à la suite de quels « ingesta » ils se produisent, s'il s'agit de substances toxiques absorbées, ou de fermentations tardives, ou s'il s'agit d'une cause pathologique modifiant les sécrétions physiologiques.

Ce qu'il importe de savoir, c'est la rapidité de destruction d'un toxique ingéré.

L'apparition de l'urticaire, après l'ingestion de coquillages, prouve que le foie n'a pas retenu la substance toxique au passage.

C'est la glande lymphatique épidermique qui devra la détruire.

On peut conclure avec certitude à une altération hépatique, lorsqu'on constate l'urticaire après la prise de certains aliments bien tolérés jusqu'alors.

On ne peut accorder la même interprétation aux troubles provenant de l'insuffisance peptique. Un estomac dilaté donne lieu à la stase trop prolongée des résidus de la digestion. Pour en discerner les symptômes, il suffit de dater avec soin les heures auxquelles ils se manifestent par rapport aux heures des repas. On peut ainsi savoir à quel moment les fermentations atteignent leur plus haut degré d'intensité.

Les malaises qui surviennent, soit au niveau du tissu

lymphoïde, (éternuement, enchifrènement, altération de la voix, toux sèche, congestion hémorrhoïdaire), soit au niveau de la peau, (érythèmes, urticaires), soit de l'état général, (vertiges, angoisse, asthénie passagère, etc.), prennent une valeur clinique et permettent d'apprécier dans quelle proportion les toxiques sont détruits par le foie.

Une question importante est l'emploi des purgatifs.

Bien que leur usage soit consacré par une expérience séculaire, il serait utile de les discuter. La coutume en est si répandue que chacun en décide à son gré, sans précision de dose, sans conseil médical en indiquant l'opportunité.

Cependant, il n'est aucun praticien qui n'ait maintes fois constaté des accidents produits par un purgatif intempestif.

Telle qu'elle est pratiquée, cette méthode relève de l'empirisme. Ou devrait en réglementer l'emploi, et la maintenir dans le cadre de son action utile, sans la laisser livrée au hasard.

Le purgatif est en principe une substance irritante. Par quel mécanisme cette irritation peut-elle agir sur la santé générale ?

Il arrive fréquemment qu'un purgatif aggrave au lieu d'améliorer.

Considérons d'abord les sels solubles, du type sulfate de soude, ou de magnésie. Leur action est-elle de provoquer une irritation de la muqueuse gastro-intestinale et par suite un afflux de plasma lymphatique, ou de sérum sanguin ou de sécrétion muqueuse, ou d'obtenir une action excitante sur le foie ?

Il est intéressant de rappeler une note parue dans la Gazette des Hop. de Lyon (août 1912), signée ROBIN et SOURDEL sur l'action du sulfate de magnésie, injecté en solution aqueuse (0gr. 25 par cent. cube d'eau). La dose de 1 cent. cube, injectée sous la peau abdominale, suffirait pour faciliter les gardes-robes. Les auteurs recommandent cette méthode dans les cas d'ulcère simple, ou de sensibilité gastrique très vive.

Par la voie sanguine, l'action ne peut s'exercer que par l'intermédiaire du foie. Lorsque l'absorption a lieu par les voies digestives, il se produit au niveau de la muqueuse une irritation qui varie avec le degré de concentration de la solution employée.

Or on observe des accidents douloureux, ou de l'aggravation des troubles généraux lorsque la réaction séreuse de l'intestin a été trop violente.

Il paraît logique d'admettre que cette réaction séreuse intense n'est aucunement désirable, et que le meilleur bénéfice qu'on recueille du purgatif soit l'excitation de la fonction antitoxique du foie par les substances entraînées dans la veine porte, agissant sur l'élément actif.

Le meilleur moyen, pour activer la défense, serait donc l'élément qui n'exercerait que le minimum d'action sur la muqueuse, et le maximum d'excitation sur le foie.

Un purgatif violent devrait n'être prescrit que dans un but précis, en tenant compte de l'intégrité de l'intestin, soit pour créer une exsudation séreuse de l'intestin, comme dérivatif d'un trouble à distance comme l'ictus cérébral, soit pour abaisser progressivement la pression sanguine.

Certaines méthodes agissent spécialement sur le foie :

le calomel à petites doses quotidiennes préconisé par le professeur GILBERT contre les cholémies familiales présente une efficacité constante, bien qu'un peu lente. Par quel mécanisme produit-il son action ?

Est-il retenu en qualité de poudre insoluble par les fibrilles fuchsinophiles, à la manière des grains de cinabre, et plus tard accomplit-il une action spéciale ? On doit convenir que dans la plupart des cas de cholémie familiale, il s'agit de syphilis ignorée, transmise à travers les générations.

En résumé, la question des purgatifs et des laxatifs mérite d'être considérée au point de vue de l'activité antitoxique du foie, qu'ils doivent surtout exciter.

De même que l'irritation de la glande lymphatique du corps muqueux accroît la puissance de défense de l'organisme en augmentant la sécrétion de la lymphe, de même, les irritants du foie peuvent, en activant son énergie antitoxique, constituer un appoint utile à la résistance générale.

Suivant le même principe, il semble utile de maintenir en activité les éléments de défense jusqu'à une certaine limite. Le mithridatisme en est une démonstration. La contre-épreuve est encore plus probante.—Lorsqu'un sujet s'est astreint, pendant un long espace de temps, à suivre un régime alimentaire ne comportant aucun élément toxique, il doit garder une extrême réserve lorsqu'il voudra reprendre l'alimentation ordinaire ; il pourrait éprouver les mêmes troubles que ceux qui manquent de prudence en s'alimentant trop vite après un long jeûne.

Il est logique d'admettre que les éléments antitoxiques,

possédant la puissance de vitalité que nous sommes
amenés à lui reconnaître, doivent participer de l'uni-
verselle loi de l'effort.

Dans l'inertie complète, ils doivent certainement
perdre une partie de leur puissance.

La véritable hygiène doit donc établir ses principes
à égale distance de l'abstention totale des toxiques, et
du mithridatisme.

Les fonctions biliaire et glycogénique
en rapport avec la fonction antitoxique.

En dehors de ces considérations, qui peuvent aider le
praticien à se créer une opinion sur le degré de puissance
défensive du foie, il en existe d'autres, fournies par l'état
des fonctions biliaire et glycogénique.

Les éléments qui assurent ces trois fonctions sont
trop étroitement réunis pour ne pas exercer, les uns sur
les autres, une influence réciproque, dont on doit rechercher les conditions et le degré d'intensité.

La lithiase biliaire semble devoir être considée isolément comme n'ayant qu'une faible influence sur les
éléments antitoxiques.

D'une part, on connaît l'indépendance d'irrigation
sanguine de l'arbre biliaire, assurée par l'artère hépatique.
On a appris, d'après les travaux signalés par GÉRAUDEL,
que, au cours d'ictère par rétention calculeuse, ce sont
les fibrilles qui sont les moins atteintes.

Ce n'est que tardivement, lorsque la durée trop prolongée de l'ictère a ouvert la phase des fermentations

gastro-intestinales et des troubles de la nutrition, que l'intoxication les mettra en mouvement.

Les ictères infectieux, par angiocholite ascendante, ont une action plus vive ; leur gravité provient, non seulement des désordres qu'ils créent directement, mais aussi du trouble qu'ils apportent à la fonction antitoxique.

La cirrhose toxique se caractérise par l'épaississement des fibrilles en treillis, au point de créer, par leur seule hypertrophie, une augmentation de volume du foie.

Les collecteurs biliaires ne sont pas comprimés, et la bile continue d'affluer dans l'intestin.

Lorsqu'apparaîtra le subictère, il en sera encore de même. La résorption biliaire s'opèrera dans les origines sécrétoires, troublées mécaniquement par un véritable myxœdème des fibrilles fuchsinophiles.

La gravité de ces états subictériques, sans changement de coloration des selles, est due à l'altération des éléments de défense. C'est alors qu'on verra apparaître les troubles de la glande lymphatique et des glandes endocrines. En résumé, les relations entre la fonction biliaire et la fonction antitoxique du foie ne sont que médiates ; les altérations de l'une d'elles ne retentissent sur l'autre qu'à une période tardive du processus morbide.

Un seul cas permet d'établir une relation étroite entre les deux fonctions : l'hépatite des nourrissons. Lorsque l'ictère apparaît chez le nouveau-né, on peut conclure à l'insuffisance antitoxique congénitale. La cause en paraît devoir être attribuée au développement incomplet des tissus de défense qui, ainsi qu'on l'a vu, se forment tardivement.

La fonction glycogénique.

La fonction glycogénique est plus étroitement liée à la fonction antitoxique. Toutes deux reçoivent la même irrigation sanguine, fournie par la veine porte ; les éléments cellulaires qui les assurent constituent le parenchyme hépatique.

Toutefois, il paraît évident que l'élément antitoxique peut être longtemps troublé, sans que la cellule glycogénique soit altérée.

On a vu, d'après les travaux de GÉRAUDEL, quelle indépendance possèdent les fibrilles fuchsinophiles au cours de leur développement, et qu'elles sont seules atteintes au début des cirrhoses toxiques.

La capacité antitoxique du foie peut donc être longtemps surmenée sans que la glycosurie apparaisse. Au contraire la glycosurie ne peut apparaître sans que la défense soit très diminuée.

En l'absence d'autres signes capables de déceler le degré de diminution de la défense, la glycosurie prend une importance considérable, puisque, lorsqu'elle apparaît, les lésions de la fonction collatérale sont déjà anciennes.

La glycosurie doit donc être recherchée avec un soin extrême. Ce n'est pas là un principe nouveau. On connaît l'attention apportée, déjà, à l'épreuve de la glycosurie expérimentale. Cependant les doses employées sont élevées, et ne peuvent être d'un usage constant.

Le desideratum consiste à savoir de bonne heure si la cellule hépatique fonctionne normalement.

Si légères soient-elles, les traces de glucose urinaire sont importantes à connaître, et leur recherche ne doit pas exiger des méthodes chimiques trop complexes.

La liqueur de Feyling paraît suffire comme élément d'analyse, à condition toutefois d'être bien utilisée. Il faut convenir que dans la pratique courante, il est loin d'en être toujours ainsi.

Si l'on suivait strictement les indications précisées dans les traités techniques, on reconnaîtrait beaucoup plus souvent la présence du sucre.

Non seulement il faut déféquer les urines, il faut aussi tenir compte du moindre trouble de la liqueur. On a pu conclure de la non-apparition de teinte jaune, puis rouge, à l'absence du glucose. Si l'ébullition avait été plus prolongée, si surtout on avait attendu quelques heures pour décider de la réaction, on aurait vu apparaître tardivement le précipité rouge de l'oxyde de cuivre. L'excès d'acide urique ou d'urates, qui peut fournir un précipité analogue, peut toujours autoriser une analyse plus complète.

En tous cas, il y a intérêt à contrôler, après plusieurs heures de repos, le tube à essai qui a servi à l'expérience ; on y constatera souvent la réaction positive alors qu'on l'avait considérée d'abord comme négative.

Nous n'insistons sur ce point qu'à cause de la fréquence des cas où, lors d'une analyse réclamée par le médecin, on a conclu à l'absence de sucre, alors qu'il en existait des traces.

Or ce sont précisément ces traces qu'il nous importe de connaître, puisqu'elles démontrent un trouble du parenchyme hépatique. Ainsi compris, le contrôle de la glycosurie est plus utile que celui de l'albuminurie, beaucoup plus rare, et correspondant à une période plus avancée de l'intoxication.

En connaissant dès son début l'insuffisance glycogénique, on peut en tirer des documents précieux. Un individu en équilibre organique complet ne présentera de glycosurie que par suite d'une fatigue ou d'un « shock » accidentel.

Au contraire, un sujet en état d'infériorité fournira une réaction positive, passagère sans doute, mais réelle, sans cause appréciable.

Au cours de la grossesse, c'est un document de grande valeur, qui signale l'auto-intoxication gravidique avant l'albuminurie.

La glycosurie doit être ainsi recherchée, non pas en vue d'un diagnostic de diabète, mais en simple contrôle des fonctions normales du parenchyme hépatique. Il n'est pas utile de créer une épreuve alimentaire ; au contraire, c'est au cours de la vie normale, que la réaction urinaire prend sa valeur pratique réelle.

Le foie et la défense antitoxique générale.

Le foie est spécialement créé pour arrêter les poisons solubles, provenant du tube digestif. Disposé comme un filtre autour des divisions de la veine porte, il en remplit la fonction.

Le sang des veines sus-hépatiques devient toxique dans deux cas :

1º Lorsque la décharge toxique est excessive, et qu'elle

est supérieure aux ressources normales de la défense hépatique ;

2º Lorsque ces ressources de la défense sont déficitaires.

Alors la circulation véhicule le poison à travers l'organisme. Les grandes fonctions vitales subissent des troubles divers, en même temps que le système de la lymphe. Le tissu lymphoïde présente l'enchifrènement, le coryza ; les altérations peuvent apparaître en n'importe quelle région.

Si l'intoxication se prolonge, la peau présentera, soit l'urticaire ou des érythèmes, ou des lésions papuleuses, plus tard les toxidermies vésiculeuses ou bulleuses.

Beaucoup plus tard, si l'intoxication est constante, on voit apparaître les troubles du corps thyroïde. Dès ce moment, l'équilibre est rompu, et il existera toujours quelque malaise, plus ou moins grave.

La moindre faute fera naître désormais des accidents. L'intoxication est constituée, et il sera très difficile de rétablir un état de résistance réelle.

Le foie et l'intoxication cellulaire.

Le foie n'est pas seulement atteint par les toxiques d'origine gastro-intestinale. Il l'est aussi lorsque le sang se charge de toxines en un foyer morbide à distance, tel qu'une lésion tuberculeuse viscérale ou articulaire.

Le principe nocif est alors véhiculé à petite dose constante ; le foie y emploie ses ressources et résiste longtemps. Il manifestera cependant son état de fatigue lorsque surviendra un effort important à fournir ; et l'on verra plus fréquemment des accidents toxiques se produire pour des causes peu graves, jusque là bien tolérées.

Au lieu de limiter ses lésions à l'hyperplasie fibrillaire du début sous forme intermittente , le foie présentera un état de cirrhose permanente qui modifiera profondément le parenchyme, et donnera naissance à l'hépatite chronique. Il s'établira un cercle vicieux, les causes toxiques se multipliant à mesure que la défense décroît ; l'état général paraît encore garder son équilibre ; mais la rupture est proche, on voit successivement l'appareil de la lymphe, puis les glandes endocrines, devenir de plus en plus vulnérables.

L'organisme donne son plus grand effort ; mais, désormais, si la cause fondamentale, d'où émergent les toxines, n'est pas combattue, l'art médical ne peut plus prétendre à guérir.

LES GLANDES ENDOCRINES

Les glandes endocrines constituent le groupe secondaire de la défense antitoxique. On n'observe chez elles de troubles fonctionnels qu'au cours d'états pathologiques.

Le foie et le système de la lymphe suffisent à maintenir l'équilibre organique pendant une durée illimitée, qui correspond à l'état de santé .Pour que cet équilibre vienne à se rompre, il faut un degré grave d'intoxication, dont l'organisme entier subit l'influence.

C'est à cette période que le groupe secondaire est sensibilisé, puis entre en action. A partir de ce moment, si l'intoxication se continue, les phénomènes pathologiques se précipiteront. Ce ne sera plus, comme dans la première phase, une lente évolution de troubles, toujours analogues, présentant des alternatives de poussées morbides et d'accalmies. Désormais les périodes d'évolution seront courtes. Les glandes secondaires n'ont qu'une très faible puissance antitoxique ; dès qu'elles entrent en action, elles atteignent promptement la phase d'hypertrophie et d'hyperplasie, avec viciation de leurs sécrétions, puis la phase d'épuisement.

Toutes ces glandes s'enchaînent de telle sorte que l'une est à peine surmenée que l'autre entre à son tour en scène. Il se produit une succession de syndromes qui s'enchevêtrent par intrication réciproque.

Si l'intoxication suit une marche continue, on peut encore observer les types réguliers d'hypersécrétion, de dyssécrétion, d'hyposécrétion ; mais si l'intoxication évolue par périodes, il se produit des temps d'arrêt, pendant lesquels les sécrétions troublées se réparent. Les symptômes se mélangent ainsi dans une confusion inextricable.

Un autre élément doit être considéré : la nature du poison soluble. Si on prend pour exemple les deux causes les plus fréquentes, la toxine tuberculeuse et la toxine syphilitique, on constate que la première est parésiante et que la seconde est excitante.

Il serait difficile d'admettre que les toxines étant aussi différentes d'action, la réaction des organes soit identique dans les deux cas. Cette réaction serait-elle univoque, elle s'appliquerait sur un organisme tantôt en hypotension, tantôt en hypertension, et les effets seraient nécessairement différents.

On ne peut préciser l'action spéciale d'une sécrétion endocrine si on ne s'impose une méthode étroite.

Les glandes du groupe secondaire possèdent toutes une fonction principale ; la fonction antitoxique n'est chez elles qu'accessoire ; mais, à l'inverse des faits qu'on observe dans le foie, les deux fonctions, la principale et l'accessoire, sont si étroitement liées que l'une ne peut être atteinte sans que l'autre soit troublée.

Il semble même que la qualité antixotique n'existe, dans ces organes, que dans la limite nécessaire à préserver la fonction sécrétoire principale, lors des décharges toxiques accidentelles qui, même en pleine santé, peuvent se répandre dans la circulation du sang.

La nomenclature des glandes endocrines comporte : le corps thyroïde et ses glandes accessoires, le thymus, l'hypophyse, les capsules surrénales, la rate, le pancréas, l'ovaire, le testicule, la glande mammaire, la prostate.

Il n'est pas possible d'établir entre ces organes une hiérarchie fixe. Non seulement celle-ci diffère suivant les sexes, mais elle diffère chez les individus.

L'idiosyncrasie joue ici un rôle capital. Loin de rester une influence obscure, cette modalité d'hérédité spéciale doit fournir à l'investigation clinique un élément utilisable.

L'hérédité morbide existe toujours à l'origine des grands états pathologiques. Le terme générique d' « insuffisance hépatique congénitale » est insuffisant : il serait plus exact de poser le principe d' « insuffisance antitoxique », qui s'applique non seulement au foie, mais aussi à la glande lymphatique et aux glandes endocrines.

On peut concevoir aisément que, lorsque chez les procréateurs, une glande a été particulièrement atteinte, les enfants naîtront avec une insuffisance congénitale de cette glande ; non seulement les hormones qu'elle doit sécréter seront moindres, mais la différence antitoxique en sera diminuée, et chaque faute d'hygiène infantile, chaque crise toxique ira l'atteindre et préparera le « locus minoris résistenciæ ».

En même temps, l'organe antagoniste prendra un développement plus considérable.

Ainsi est-il nécessaire de connaître les rapports des glandes endocrines entre elles. Malgré les intéressantes recherches qui ont été poursuivies à cet égard, nous sommes loin de posséder des documents de certitude.

On doit donc chercher à grouper ces organes d'après leurs analogies et d'après leurs antagonismes.

Leur action paraît être tantôt vaso motrice, tantôt liée à la nutrition générale.

Nous n'apportons pas à ces graves questions beaucoup d'éléments nouveaux ; nous préférerons surtout coordonner quelques-unes des notions multiples qui ont été publiées jusqu'ici.

L'étude de la glande lymphatique a détaché des syndromes glandulaires tous les troubles cutanés, notamment le myxœdéme. C'est donc à leurs symptômes propres que nous limiterons l'étude des glandes endocrines.

Il existe des analogies fonctionnelles entre certaines d'entre elles, comme entre le corps thyroïde et la glande mammaire ; ou un antagonisme certain, ainsi qu'entre la sécrétion thyroïdienne et le corps jaune de l'ovaire.

Chacune d'elles possède une qualité personnelle agissant sur la circulation sanguine, sur le système nerveux et sur la nutrition générale. Nous examinerons rapidement chaque glande en particulier.

CORPS THYROIDE

L'étude de la sécrétion thyroïdienne est transformée si on lui enlève le myxœdème. La discussion a déjà été établie dans la première partie de ce travail, et les conclusions en ont été formulées. Dès l'instant que la nutrition de la peau est démontrée comme étant soumise à la glande lymphatique malpighienne, et que toutes les lésions du type myxœdème peuvent y être logiquement rattachées, il n'est plus nécessaire de faire intervenir dans leur étiologie l'action strumeuse.

Nous avons démontré que les lésions de la peau sont indépendantes, et qu'elles évoluent sous les influences toxiques, suivant le degré d'altération du corps muqueux épidermique.

Nous avons affirmé que dans la défense antitoxique de l'organisme, la glande malpighienne était en activité bien avant le corps thyroïde. Cependant on peut observer des cas de goître avec des troubles nerveux et circulatoires sans que la peau soit épaissie. Il s'agit alors d'idiosyncrasie ayant déterminé l'altération précoce du corps thyroïde, avec ou sans formation kystique.

Toutefois ce sont là des faits relativement rares. Dans la plupart des cas, on observe la coexistence des lésions épidermiques et des altérations thyroïdiennes. Ce n'est pas seulement le myxœdème confirmé qu'il faut considérer à ce sujet, mais tous les troubles du système de la lymphe.

On rencontre fréquemment des jeunes filles dont la robustesse se présume d'après leurs membres d'aspect massif et leur cou plein ; or ce sont des malades ; leur embonpoint n'est qu'un myxœdème fruste, doublé d'hypertrophie thyroïdienne. Elles se plaignent constamment de malaises divers, de troubles nerveux, et d'irrégularités menstruelles ; on trouve souvent le syndrôme de RAYNAUD, la kératose pilaire etc.

Les relations entre le corps thyroïde et le tissu lymphoïde sont fréquentes. KŒNIG (New-York. med. Journ. 1910), ayant constaté l'apparition d'un syndrome du type basedowien quelques mois après l'ablation des amygdales, a renoncé à établir une relation étiologique entre son intervention et les troubles thyroïdiens. Il n'existe pas en effet de relation directe entre le goître et les lésions amygdaliennes non plus qu'avec l'angine rhumatismale. Ce sont seulement des manifestations diverses de la cause unique : la saturation progressive de l'organisme par des toxiques, qui épuisent peu à peu les tissus de défense.

La théorie de MINORET (Corps thyroïde et Intestin, Thèse de Paris 1918) inspirée par L. LÉVI peut être discutée dans son interprétation.

Elle établit l'existence d'une constipation thyroïdienne, démontrée par le succès du traitement opothérapique. Malgré la précision des observations, on peut admettre que la constipation était surtout due à l'intoxication, et que l'extrait hépatique, qui vient le plus souvent à bout des constipations, aurait réussi au même titre que l'extrait thyroïdien.

Il faut aussi ajouter que la constipation, telle qu'elle est décrite par L. Lévi et dans la thèse de Minoret, apparaît procéder d'une hérédité syphilitique dans la plupart des cas.

Les traitements thyroïdien et surrénal ont agi dans la circonstance comme antitoxiniques.

Dès l'instant qu'on reconnaît l'existence d'une cause générale agissant depuis longtemps, ou même depuis la naissance, sur l'organisme, on ne peut attribuer une relation de cause à effet entre deux symptômes parce qu'ils sont contemporains.

Il ne s'agit pas seulement, dans ces observations, de lésions d'entérite ou d'entérocolite seules, mais d'un vaste syndrome qui comporte tantôt l'acro-asphyxie de Raynaud, tantôt les érythèmes toxiques ; les placards de sclérodermie, le tabes, les céphalées nocturnes y sont fréquemment notées.

Les troubles intestinaux peuvent donc n'être rattachés aux troubles thyroïdiens qu'au même titre que les lésions scléreuses des anses coliques, d'où résulte la syknokénose, et que nous avons étudiées avec le tissu lymphoïde intestinal.

Il est à retenir, dans les travaux de L. Lévi et de Minoret, cette constatation importante : que le traitement thyroïdien peut combattre avec autant de succès la constipation et la diarrhée ; ces auteurs concluent que les limites de l'hypo et l'hyperthyroïdie sont difficiles à déterminer ; et que c'est dans une viciation de la sécrétion, dans la dysthyroïdie, qu'il faut chercher l'explication des phénomènes. CASTAIGNE, après avoir résumé les opinions diverses sur le goître avec ou sans exophtalmie, formule les mêmes conclusions (1).

Cette opinion paraît la plus exacte lorsqu'on étudie la glande thyroïde seule.

L'analyse des syndromes peut être reprise au point de vue de la sensibilisation d'origine toxique.

L'examen de la peau permet alors de différencier les cas où la sécrétion a été congénitalement troublée, et ceux où les lésions ne sont qu'apparues que très tard, après l'altération progressive de la résistance antitoxique du foie et de la glande malpighienne.

Type congénital. Les troubles congénitaux se divisent en deux groupes : l'un fourni par la syphilis seule, l'autre fourni par l'insuffisance de défense.

Nous signalons seulement ici que l'influence de l'hérédosyphilis est active, alors que l'état d'insuffisance est passif.

L'évolution est très différente entre les deux origines. L'hérédo-syphilis constitue un état infectieux actif, dû à la présence chez le nouveau-né de l'agent microbien vivant ; cet agent sécrète des toxines d'une manière continue ; il présente périodiquement des « crises de repullulation », qui marquent des étapes plus ou moins rapprochées, et qui se manifestent par des décharges

(1) L. LEVI : *Soc. Biol.*, 13 avril 1907, et H. DE ROTHSHILD — MINORET : Th. Paris, 1911. — CASTAIGNE,: *Journ. Méd. Franç.*, 25 mars 1913.

toxiniques dont l'intensité est en rapport avec le degré de gravité de l'hérédité.

L'action morbide, si elle n'est pas combattue, (ainsi que le cas se présente le plus souvent, l'hérédo étant restée ignorée) se poursuit à travers les âges suivant des types très divers. Les traitements opothérapiques ou médicamenteux seront toujours voués à l'échec, tant que la cause vraie ne sera pas l'objet d'un traitement assidu. Les réveils morbides peuvent survenir en pleine médication, et faire apparaître de nouveaux accidents qui, suivant la coutume, seront imputés au traitement.

Si l'état congénital est constitué seulement par une insuffisance passive, on est en droit d'espérer que la loi de la vie, qui est par essence la plus puissante force réparatrice, puisse amener une amélioration régulière et permette lentement le retour à l'état normal. Il faut pour cette réalisation, qu'aucune faute d'hygiène ne soit commise, et qu'aucune décharge toxique banale ne survienne ; il faut même que l'organisme ne soit pas trop épuisé, pour résister aux périodes critiques, poussées dentaires du premier âge, poussées de la deuxième dentition, puberté. Il ne faut pas oublier aussi que tous les sujets nés en état d'infériorité de défense contractent facilement les contagions qui passent à leur portée.

Chaque fois qu'il se sera produit une intoxication ou une intoxination, le corps thyroïde en subira l'action, à un degré très différent, suivant que chez les procréateurs, le corps thyroïde aura déjà été plus ou moins atteint.

Toute idiosyncrasie créant dès la naissance une infériorité fonctionnelle de la glande thyroïde, la voue fatalement aux accidents ultérieurs graves.

Pour juger cliniquement les qualités de la sécrétion thyroïdienne, il faut donc : s'informer s'il n'a pas existé de lésions du même ordre chez les ascendants ; se rendre compte du degré de la capacité antitoxique congénitale ; rechercher l'hérédité syphilitique et son degré d'acuité morbide.

En suivant cette méthode, on pourra reconnaître si les troubles thyroïdiens sont anciens ou récents. Les formes frustres correspondent à des ébauches de lésions, le plus souvent soumises à l'action syphilitique ; ces lésions restent momentanément silencieuses, puis se réveillent lors de crises nouvelles, à la fin de chaque poussée infectieuse.

D'une manière générale, l'opinion clinique s'établira d'après la détermination de la cause première, ou des causes surajoutées, attendu qu'il arrive fréquemment qu'un sujet hérédo contracte la tuberculose et que les deux toxines microbiennes se superposent.

Cette recherche est d'une importance absolue. La connaissance du terrain fournira ensuite les notions de détail.

Le syndrome thyroïdien.

Les éléments du syndrome thyroïdien sont multiples, en dehors du myxœdème : l'exophtalmie, les autres symptômes oculaires, le tremblement, la tachycardie, les troubles vaso-moteurs, ou sudoripares, la frilosité.

Tous les auteurs hésitent à décider quels sont les caractères précis de l'hypersécrétion de suc normal, de la dysthyroïdie, ou de l'hypothyroïdie.

On ne peut donc établir la discussion sur un état logique aussi avancé que le syndrome BASEDOWIEN, qui comporte certainement une part de viciation sécrétoire.

C'est plutôt dans les cas légers d'origine récente, qu'on pourra recueillir des indications ; les résultats obtenus par l'opothérapie sont aussi importants à retenir.

Le phénomène plus constant qu'on observe au début des troubles thyroïdiens est la frilosité et notamment « le froid aux pieds ».

Depuis bien longtemps, alors que le corps thyroïde était peu connu, ce symptôme a frappé les cliniciens ; ils le rattachaient à l'arthritisme. Lévi insiste sur ce caractère. C'est un signe que déclarent immédiatement les malades qui l'éprouvent vraiment. Il s'agit en effet d'un trouble spécial, rarement douloureux. Les pieds sont froids, simplement. Il ne faut pas confondre ce symptôme avec l'acro-asphyxie douloureuse du syndrome de RAYNAUD. Les pieds et souvent les jambes donnent au contact la sensation de froid presque cadavérique ; la peau est pâle et la pression ne provoque pas de douleur. Cet état d'hypothermie diminue quelque peu au cours de la marche, puis reparaît après quelques instants d'immobilité. Il ne s'accompagne du reste d'aucun trouble trophique local.

La frilosité peut s'étendre à la totalité des membres inférieurs.

C'est donc une indication utile, qui s'impose par sa persistance même. Le suc thyroïdien exerce sur la circulation des membres inférieurs une action régulatrice, et son absence amène la vaso-constriction sans troubles trophiques concomitants.

On observe les phénomènes inverses lorsque la glande antagoniste, l'ovaire, devient déficitaire. Lors de la ménopause, le malaise le plus constant est la sensation de froid au milieu du dos et parfois de la poitrine, avec vertiges du type « anémie cérébrale », et pâleur de la face. L'extrait ovarique, ou les préparations de corps jaune, font disparaître d'abord ces troubles, dus à la vaso-constriction des régions supérieures du corps.

Cette différence d'attitude vaso-motrice, entre les régions supérieures et les régions inférieures du corps, paraissent se rattacher au caractère propre des fonctions thyroïdienne et ovarienne.

On sait déjà que les lobes droit et gauche du corps thyroïde peuvent déterminer des lésions oculaires hémilatérales, homologues au côté atteint.

J'ai pu constater une prédominance très nette du lobe droit chez un tuberculeux dont le sommet droit était le seul atteint. Je n'ai pu préciser s'il fallait croire à une lésion récente bacillaire, se localisant sur le côté de résistance amoindrie, ou si la lésion tuberculeuse était antérieure au trouble thyroïdien.

Bien que les exemples n'en soient pas nombreux, l'influence unilatérale homologue ne peut être niée entre la lésion thyroïdienne et les troubles observés. Il n'est donc pas impossible d'admettre que l'organe entier possède une action différente à l'égard des diverses zones de l'organisme.

Ces variations régionales ne seraient pas plus singulières que les localisations médicamenteuses des éruptions copahiviques, ou antipyriniques, etc...

La frilosité des membres inférieurs s'accompagne le plus souvent de troubles inverses des régions supérieures, avec vaso-dilatation.

Employée à faible dose, la médication thyroïdienne régularise la circulation céphalique, et diminue l'exophtalmie, l'injection des conjonctives.

Mais dès que la dose utile est dépassée, les palpitations cardiaques apparaissent avec les mêmes phénomènes de vaso-dilatation céphalique qui étaient précédemment atténués.

Il semble donc exister une analogie d'action vasomotrice entre l'hyper et l'hypothyroïdie pour la région supérieure du corps.

Les phénomènes nerveux ne sont pas d'analyse plus aisée.

Dans les états morbides bien constitués, comme le tabes ou la paralysie agitante, la question est facile à trancher.

De nombreuses observations ont signalé la fréquence des troubles thyroïdiens dans ces deux cas ; même certains auteurs (MOEBIUS, LUNDBERG) ont voulu attribuer le syndrome parkinsonien à une dystrophie thyroïdienne.

J'ai déjà formulé dans un travail antérieur (1) une explication plus simple : les désordres myotoniques procèdent des altérations médullaires dues à la syphilis active, c'est-à-dire au tréponème ou à une de ses formes. Quant aux troubles thyroïdiens, ils sont dus à la toxine

(1) J. AUDRAIN : *La syphilis obscure*, Doin, 1911.

syphilitique qui a déjà depuis longtemps surmené l'activité de défense du foie, de la glande malpighienne et parfois aussi d'autres éléments endocriniques, capsules surrénales, pancréas, etc...

Il en est de même dans le tabes ; les accidents de dysthyroïdie sont dus à l'action chimique de la toxine, alors que les désordres médullaires sont créés par le microbe virulent.

Il est d'autres troubles qui semblent appartenir plus précisément au corps thyroïde. La sensation d'angoisse, de constriction de la base du cou, qu'on ramène généralement à la « boule hystérique », les troubles vaso-moteurs pourraient être dus à la compression mécanique des troncs nerveux voisins.

Le tremblement est plus difficile à expliquer, ainsi que l'asthme, et certains troubles psychiques et intellectuels. La diminution de la mémoire est d'une telle fréquence qu'on doit la comprendre dans le syndrome de l'hypothyroïdie ; du reste la mémoire se récupère au cours du traitement opothérapique.

Quelle part doit être attribuée à l'intoxication générale ou au trouble thyroïdien seul ? Un fait est à retenir ; c'est que n'importe quelle médication antitoxique, extraits de foie, extraits de la peau ou de la lymphe, amènent des améliorations importantes de tous les symptômes, soit psychiques, soit vaso-moteurs.

Il reste à considérer le rôle thyroïdien sur la fonction cataméniale, et sur les hémorrhagies utérines. Dans les états d'insuffisance thyroïdienne, les règles sont accrues de durée et d'intensité ; les périodes se montrent plus rapprochées.

Chez ces malades, l'extrait glandulaire à une dose de 15 à 20 centigrammes par jour provoque une amélioration régulière. Est-ce là une action vaso-motrice directe? ou la sécrétion ovarique antagoniste présente-t-elle une variation inverse ?

L'influence sur la nutrition générale est manifeste ; toutefois, la cachexie strumiprive n'atteint jamais le degré d'évolution brutale, qu'on observe dans les cas d'atteinte grave des capsules surrénales ou du pancréas.

Elle prouve seulement l'importance des glandes endocrines dans l'équilibre organique : mais il faut ici tenir compte de l'intoxication déjà commencée depuis longtemps, et dont tous les organes ont dû subir l'influence néfaste.

On peut toujours reconnaître, dans les cas de cachexie, l'existence d'une diathèse, tuberculeuse, ou cancéreuse, ou syphilitique ayant évolué insidieusement, bien avant les premiers troubles endocriniques.

L'HYPOPHYSE

L'hypophyse présente des indications moins vagues. On sait que sa sécrétion constitue un excitant cellulaire d'une intensité considérable. Le gigantisme est relativement rare ; l'acromégalie l'est beaucoup moins, démontrant une fois de plus une action régionale.

Dans ces processus de développement inégal, obéissant à des types fixes et toujours identiques, faut-il admettre l'influence de l'hypophyse seule, ou la coexistence d'altérations d'autres glandes endocrines ?

L'extrait hypophysaire accroît la fonction cellulaire ; il est tonicardiaque ; il active les contractions utérines suivant leur mode fonctionnel normal, sans les tétaniser.

Le corps pituitaire et l'hypophyse méritent une attention spéciale dans la genèse de la céphalée. On sait quel contact étroit réunit l'élément nerveux cérébral au bourgeon buccal embryonnaire. L'élément, sensible aux toxiques, est évidemment celui qui est né de la jonction de l'ectoderme et de l'endoderme au niveau de l' « aditus anterior », où, se sont formés les organes lymphoïdes du nez, du naso-pharynx, les amygdales, le corps thyroïde et le bourgeon lingual.

Il est logique qu'une telle origine détermine la réaction de l'hypophyse, chaque fois que les tissus analogues sont atteints par l'intoxication. La situation anatomique, qui lui est créée dans la selle turcique, permet de juger quel peut être le degré de compression exercée sur le lobe nerveux par la glande congestionnée ou hypertrophiée.

Il est probable qu'une grande partie des céphalées sont dues à ce phénomène, qu'elles soient aiguës, soit chroniques, soit de caractère vespéral ou nocturne.

On peut en effet localiser plusieurs types de névralgies céphaliques, appartenant au trijumeau, suivant la branche atteinte.

La céphalée spéciale, la plus douloureuse, qu'on pourrait appeler « céphalée centrale » doit plutôt appartenir à la tuméfaction hypophysaire, comprimée dans sa gangue fibreuse, écrasant l'élément nerveux.

L'OVAIRE

La sécrétion ovarienne présente un intérêt particulier, en ce qu'elle semble l'antagoniste de la sécrétion thyroïdienne.

Cependant on observe des phénomènes analogues dans les cas d'insuffisance de l'une ou l'autre glande.

Les troubles de la ménopause, comme ceux qui s'observent après la castration féminine, ont été assez souvent décrits pour qu'il ne soit pas nécessaire d'en rappeler le syndrome.

On observe, outre les sensations de frilosité du dos et de la région thoracique en général, les sensations de chaleur, et de picotements aux régions palmaires et plantaires.

On sait quelles sont les modifications épidermiques les plus constantes : épaississement des poignets et des régions malléolaires, puis empâtement de la peau, en général, du type myxœdème.

Il est, dans ce cas comme dans les précédents, difficile de juger quelle est l'influence qui détermine les localisations. Est-ce la glande lymphatique du corps muqueux cutané, sous l'influence des troubles secrétoires ovariques ou thyroïdiens ?.

On doit reconnaître que ces derniers sont tous deux accommagnés par l'épaississement myxœdémateux de la peau.

LA GLANDE MAMMAIRE

La glande mammaire paraît liée passivement à l'intoxication, lorsque le corps thyroïde est insuffisant. On doit cependant lui accorder une certaine action antito-xique, attendu que les extraits opothérapiques n'en sont pas négligeables. Ils semblent surtout décongestionner l'utérus; toutefois, les résultats en sont peu marqués sur l'état général, et peu en rapport avec le degré d'hypertrophie mammaire qu'on observe chez les jeunes filles en état d'insuffisance thyroïdienne. L'opothérapie thyroïdienne exerce une influence certaine et rapide sur la macromastie. Toutefois cette médication sera promptement insuffisante, si on n'a pas précisé et combattu la cause première des altérations glandulaires, intoxication ou intoxination.

LES AUTRES GLANDES ENDOCRINES

Nous ne possédons pas de documents nouveaux capables d'apporter une indication utile sur la fonction des glandes surrénales, du pancréas, de la rate, des testicules, de la prostate, du thymus.

Nous pouvons seulement affirmer que tous ces organes réagissent avec précision sous l'influence des toxiques, et obéissent à la loi générale que nous avons déjà indiquée et qui peut se formuler ainsi :

Tant que le foie et la glande de MALPIGHI suffisent à détruire les substances toxiques, les grandes fonctions vitales s'accomplissent sans troubles, et l'organisme conserve son équilibre.

Lorsque ces deux éléments primordiaux s'épuisent, l'ère pathologique est ouverte et toutes les glandes endocrines sont susceptibles de se sensibiliser d'abord, puis de présenter les trois phases de congestion, d'hypertrophie et de sclérose ; dans ce cycle pathologique, le processus peut présenter des alternatives de poussées morbides et d'accalmies, et peut ainsi soit rétrocéder, soit s'accomplir en entier.

Tous les syndromes des glandes endocrines tiennent donc leur caractère de la cause première, l'intoxication.

On ne peut apporter de conclusions à l'ensemble des éléments de défense antitoxique avant d'avoir étudié à ce point de vue particulier les sources de l'intoxication.

CHAPITRE II

LES POISONS SOLUBLES

Nous nous sommes efforcé de préciser, autant qu'il nous a été possible, les modalités pathologiques diverses des organes chargés d'assurer la défense antitoxique de l'organisme.

Il paraît résulter, de l'ensemble des faits cliniques, que chaque organe présente une réaction univoque, quelle que soit la substance toxique qui ait déterminé sa mise en activité.

Ainsi, les altérations d'un ou de plusieurs éléments du système antitoxique, prouvent seulement qu'un poison circule dans le sang, sans qu'on puisse en connaître la nature.

Or, c'est là un fait capital, puisque, seul, il ne peut diriger la thérapeutique.

La meilleure méthode semble consister à chercher les

indications nécessaires dans les caractères propres de ces poisons, soit d'après la nature, soit après l'évolution des troubles qu'ils provoquent.

Dans ce but, nous devons diviser l'ensemble des poisons solubles en trois groupes :

1º Les substances chimiques exogènes ;

2º Les produits de fermentation ou d'autolyse cellulaire créés dans l'organisme, dont le type est représenté par l'auto-intoxication gravidique ;

3º Les toxines microbiennes.

PREMIER GROUPE :
LES SUBSTANCES CHIMIQUES EXOGÈNES

Nous ne prétendons pas reprendre ici l'étude des substances, soit alimentaires, soit médicamenteuses, soit accidentellement absorbées, capables de déterminer des troubles ; nous devons seulement en rappeler quelques-unes, plus fréquemment dangereuses ou susceptibles d'échapper à l'investigation.

Il n'y a pas lieu d'insister sur les intoxications bromique, iodique, copahivique, arsénicale, saturnine, non plus que sur les accidents d'empoisonnement par des pâtisseries, des coquillages ou des champignons, etc... Toutefois, même lorsque la cause toxique est manifeste, il faut insister sur les moindres détails, importance de la dose nocive, date d'apparition des accidents, et surtout noter quel a été le premier organe antitoxique atteint ; soit la glande malpighienne, (prurit, urticaire, étendue et localisations des zones de réaction) ; soit le tissu lymphoïde (enchifrènement, coryza aigu, troubles laryngés ou bronchiques etc...), soit le foie (troubles hépatiques, gastro-intestinaux).

D'autres intoxications échappent plus aisément aux recherches, soit qu'elles soient ignorées du malade, soit qu'elles soient dissimulées.

Ainsi l'intoxication carbonique ou oxycarbonée est-elle le plus souvent inaperçue.

L'état d'anémie, de vulnérabilité des sujets, reste une problème, alors que la cause réside dans l'abus de la chaufferette ou dans un mode défectueux de chauffage.

De telles influences seront finalement découvertes, lorsque le médecin, en présence d'une déchéance organique, s'imposera toujours la tâche difficile d'en chercher l'origine jusqu'à ce qu'il l'ait précisée.

L'usage des stupéfiants, ou des préparations calmantes doit être reconnu ; toutefois il est important de savoir quelle cause a pu en déterminer l'emploi ; on observera souvent qu'il existe une diathèse ignorée, créant des troubles nerveux, aussi redoutables que les substances médicamenteuses absorbées.

L'usage de l'alcool reste une question des plus délicates, sur laquelle on ne saurait trop insister.

Il n'est personne qui ne convienne que l'alcool est nuisible et constitue un danger pour l'individu et pour la race. Pourquoi donc la propagande anti-alcoolique n'obtient-elle pas plus de succès ? Le but qu'elle poursuit est de la plus haute importance; mais il faut surtout qu'elle réussisse à convaincre les masses, et pour convaincre, il faut ne rien exagérer.

En accusant l'alcool de toutes les déchéances, on laisse le peuple incrédule. Trop d'exemples se rencontrent d'enfants dystrophiques dans des familles de tenue rigide et de sobriété reconnue.

Dans leur raisonnement simpliste, les foules ont encore un autre motif de doute; elles voient des alcooliques avérés conserver jusqu'à un âge avancé une santé vigoureuse, du moins d'apparence telle.

On convaincrait mieux les individus en indiquant les caractères propres de l'intoxication alcoolique, et en en signalant la gravité et les symptômes. De cette sorte, on ne confondrait pas le tremblement thyroïdien d'un sujet sobre, avec la sénilité précoce d'un intoxiqué. L'artério-sclérose, qui a été attribuée presque uniquement à l'alcool, se rencontre souvent chez des gens qui n'en ont jamais absorbé.

Il ne faut pas non plus poser de dogme unique, quant aux doses absorbées ; tels éprouveront des accidents pour l'ingestion d'une faible quantité, alors que d'autres en supporteront, sans troubles, une proportion beaucoup plus considérable.

On doit savoir enfin si l'usage de l'alcool ne s'associe pas avec un état pathologique antérieur, dont il corrige les états de dépression.

En outre, l'alcool agit différemment suivant qu'il est absorbé en nature, ou qu'il fait partie d'une macération. On peut différencier cliniquement le type d'intoxication du vin, des alcools de distillation, ou des préparations aromatiques. Ces dernières sont de beaucoup les plus nocives ; les troubles convulsivants de l'absinthe, l'obnubilation de l'intelligence par les amers, les lésions rapides du foie par l'abus des liqueurs, sont des modalités diverses.

Les lésions de l'alcoolisme sont lentes à se produire.

Elles sont surtout lentes à disparaître lorsqu'elles sont constituées.

Elles ont comme principal caractère la permanence. Les premières apparaissent au niveau du tissu lymphoïde, sous forme de coryza chronique, de rhinite postérieure, et de pharyngite, d'abord accompagnées de crachotement, puis de pharyngite sèche, d'altérations de la voix, de bronchite chronique.

Ensuite apparaît la cirrhose du foie avec son cortège de troubles.

Enfin les phénomènes nerveux se manifestent, d'abord par une phase d'excitation, puis par la diminution de l'énergie et de l'activité, physiques et intellectuelles.

La durée de ces diverses phases est variable suivant la valeur du terrain individuel, et surtout suivant le degré d'activité dépensée.

L'intoxication alimentaire, prolongée, produit les mêmes troubles lymphoïdes, mais ne détermine pas les mêmes phénomènes nerveux.

Toutefois lorsque la boulimie procède d'une hérédité syphilitique, ainsi qu'on l'observe fréquemment, le syndrome toxique peut se montrer analogue. L'artériosclérose, la phlébosclérose, l'excitation habituelle, le tremblement feront incriminer l'alcoolisme alors que cette dernière cause n'est pas en jeu.

L'artériosclérose, notamment, est rattachée de plus en plus à l'infection du tréponème (FIESSINGER. LEREDDE). On distinguera cette influence en tenant compte du génie propre à la syphilis, au caractère périodique des crises, séparées par des accalmies, à la tolérance gastrique avec conservation de l'appétit.

L'alcoolisme est tout différent. Il constitue un état permanent d'excitation, et plus tard d'hébétude. L'estomac est intolérant, les troubles de la cirrhose hépatique suivent leur progression régulière.

L'étude complète du diagnostic de l'alcoolisme exigerait un beaucoup plus long développement. Nous en indiquons seulement les points principaux, pour conclure ainsi : que le diagnostic d'alcoolisme ne doit jamais être posé au hasard, sans certitude ; que très fréquemment il laisse à son ombre une syphilis ignorée, qui ne se manifestera, par des symptômes précis, que lorsqu'il sera trop tard pour la combattre utilement.

Le rôle toxique de l'alcool est d'une précision absolue, sur les sujets en état d'infériorité de défense. La réaction du tissu lymphoïde naso-pharyngien apparaît en quelques heures, et indique le degré de sensibilisation du système de la lymphe.

On observe la même action sur d'autres régions lymphoïdes, notamment dans la zone ano-rectale, le ténesme rectal ou la tuméfaction hémorrhoïdale pouvant suivre presque immédiatement une action toxique provoquée par l'alcool.

Le tabagisme exerce son action sur le système lymphoïde et sur le système nerveux. Toutefois les lésions graves se rencontrent surtout chez les sujets qui font usage de tabac très aromatique. Aux États-Unis, les accidents nerveux sont plus fréquemment observés qu'en France ; l'intoxication paraît due autant aux substances aromatiques qu'à la nicotine seule.

Il faut encore ici formuler une réserve. Le cancer des fumeurs ne semble dû qu'indirectement à l'abus du tabac. En tous cas, ce ne sera qu'une cause déterminant la localisation linguale ; l'usage immodéré du tabac est fréquent chez les hérédo-syphilitiques dont l'état d'agitation habituelle facilite l'éclosion des « manies ».

Non seulement le « cancer des fumeurs » naît habituellement sur une plaque leucoplasique d'origine syphilitique, mais plusieurs des troubles nerveux ne sont pas seulement dus au tabac, et relèvent de lésions nerveuses systématisées.

DEUXIÈME GROUPE : L'AUTO-INTOXICATION

L'auto-intoxication constitue une entité pathologique dont les caractères sont bien précises dans la forme gravidique du professeur PINARD, et peuvent s'attribuer à tous les cas de surmenage cellulaire.

Bien que très exactement connu, ce mode d'intoxication est trop étroitement lié aux troubles des organes de la défense, pour qu'on puisse le négliger ici.

Il procède du fonctionnement excessif de l'organisme, sans l'intervention de substances chimiques exogènes, ni de pénétration microbienne.

Il faut tout d'abord admettre que l'auto-intoxication ne doit pas se produire chez un sujet en état de santé réelle.

Le type gravidique est un exemple parfait pour établir cette discussion. La grossesse, étant un acte physiologique, doit évoluer sans nuire à la santé de la parturiente.

Lorsqu'elle s'accompagne de troubles, on doit conclure à un état d'infériorité préalable de l'organisme. Les autres formes de surmenage cellulaire ne présentent pas, comme la grossesse, un degré uniforme. Elles proviennent de causes diverses, d'intensité variable, et peuvent se ramener à deux types, les fermentations gastro-intestinales, et le surmenage cellulaire.

Fermentations gastro-intestinales.

Les fermentations sont une des causes les plus fréquentes d'intoxication. Pour bien limiter la discussion à l'auto-intoxication seule, il faut en détacher les grandes diathèses qui prennent une large part dans la genèse des troubles gastro-intestinaux.

On peut citer pour mémoire le paludisme, le saturnisme, qui, malgré l'importance des troubles digestifs qu'ils créent, n'ont qu'une fréquence relative ; il suffit de s'en enquérir pour ne pas en ignorer l'influence.

La tuberculose et la syphilis sont beaucoup plus souvent en jeu. Nous en parlerons plus loin au sujet des toxines microbiennes. On peut dire déjà que, très souvent, les malaises digestifs sont dus à un début de bacillose, trop peu développée pour être diagnostiquée. Ou bien ils procèdent d'une hérédo-syphilis ignorée.

Avant de juger un état de dyspepsie, il faut rechercher s'il existe une des diathèses précédentes. On se rendra très vite compte que l'intoxication alimentaire seule est rare. Quand elle existe, la cause en est facile à discerner. Tantôt il s'agit d'une nourriture défectueuse ; soit par l'abus d'aliments indigestes, ou de matières grasses, ou de viande ; tantôt le mode alimentaire est soumis à des irrégularités extrêmes. Il est presque toujours facile de se rendre compte de ces états anormaux d'hygiène.

Si les troubles toxiques se produisent malgré une méthode alimentaire raisonnable, il faut incriminer le terrain. — Il s'agit alors de sujets en état d'insuffisance peptique et hépatique, le plus souvent congénital ou acquis dans la première enfance. Les fautes commises en hygiène alimentaire infantile seront souvent l'origine première de dyspepsie et d'intoxication ultérieures. — Les commémoratifs, l'état du foie et du système de la lymphe pourront fournir quelques indications à cet égard.

Un nourrisson normal ne doit pas présenter de troubles toxiques, si son régime est exactement conforme aux règles de la pédiatrie. S'il en apparaît, c'est une preuve qu'il existe une insuffisance de défense congénitale, ou que des fautes sont commises. C'est presque toujours le gavage qui doit être incriminé.

Les troubles portent sur le foie et le tube digestif, et aussi sur le système de la lymphe.

En même temps que la diarrhée, on constate les éruptions cutanées, l'urticaire, les dermites vésiculeuses, rapidement transformées en impétigo par l'invasion coccique consécutive.

La preuve de l'origine toxi-alimentaire est facile, la diète hydrique amenant la guérison rapide.

A l'âge adulte, les troubles toxiques se reconnaissent en ce qu'ils se produisent en fin de digestion, 3 heures après le repas.

D'une manière générale, l'intoxication gastro-intestinale essentielle, procédant uniquement de l'alimentation défectueuse ou excessive, n'est pas fréquemment observée ; les fautes en sont faciles à corriger si le malade s'y prête, et l'amélioration est prompte.

Derrière les dyspepsies tenaces, il faut toujours chercher une autre cause, soit congénitale, soit acquise, capable d'avoir altéré les fonctions antitoxiques du foie, et tari ou vicié les sécrétions glandulaires du tube digestif.

L'auto-intoxication cellulaire.

On peut conclure par une formule analogue en ce qui concerne l'intoxication par surmenage. Un individu robuste peut supporter un effort énorme et prolongé, sans présenter d'accidents toxiques. S'il en survient, c'est à la suite d'un véritable excès de travail.

La guerre a prouvé que la résistance d'un homme déterminé est presque sans limites. Au lendemain des pires épreuves, tous les héros des tranchées, les humbles comme les gradés, les délicats comme les athlètes, reconnaissaient ne s'être jamais mieux portés ; pourtant les influences les plus redoutées généralement, le froid, l'humidité, les odeurs pestilentielles, l'alimentation inégale, se réunissaient pour leur créer un état de dépression. L'activité constante était le principal facteur de leur santé.

Peut-on désormais, après de telles démonstrations, croire à l'auto-intoxication cellulaire par surmenage ? On doit conclure au contraire que le travail est la vraie source de la vie.

Il y a toutefois une distinction à établir dans l'usure organique produite par le travail. Les fatigues de la guerre ont été supportées vaillamment parce que l'effort était accompli avec énergie, et avec la volonté de vaincre.

La tension nerveuse, gaiement soutenue, s'accompagne de vaso-dilatation, laquelle crée une surproduction de lymphe.

Au contraire la tristesse et l'accablement s'accompagnent de vaso-contriction et, par suite, d'hyposécrétion lymphatique.

La proportion de lymphe exerce une influence prépondérante dans la capacité de défense.

Ainsi peut-on admettre l'auto-intoxication par surmenage, lorsqu'un effort a dû se poursuivre longtemps en état de dépression morale.

TROISIÈME GROUPE :
LES TOXINES MICROBIENNES

Lorsque les organes antitoxiques sont sensibilisés, et qu'on ne peut découvrir aucune cause toxique exogène ou endogène, on doit conclure à la présence d'une toxine. C'est dans l'habitus général qu'on doit chercher les caractères propres de nature à fixer le diagnostic.

Les recherches de laboratoire ne sont pas à la portée de tous les praticiens; de plus, elles ne sont pas infaillibles.

Le symptôme le plus précis de la fièvre typhoïde reste encore le type de stupeur qui est le plus constant de tous. L'anesthésie locale chez le lépreux suffit à fixer l'opinion du médecin.

Ce sont là des indications fournies par le caractère individuel de la toxine microbienne.

Si la réaction sérique est spéciale pour chaque infection, l'influence de la toxine sur les éléments nerveux ne l'est pas moins. Il se présente des cas douteux, qui exigeraient le contrôle par la réaction sérique ; dans la plupart des circonstances, on doit pouvoir conclure d'après les faits cliniques, qui restent les meilleurs guides pour tout praticien expérimenté.

Caractères communs des toxines.

Avant de considérer chaque toxine en particulier, nous devons étudier leurs caractères communs.

Ceux-ci sont liés aux modes d'évolution des microbes. On peut grouper ceux-ci suivant une méthode nouvelle, en prenant pour base de classification trois catégories différentes entre les agents infectieux : 1° ceux qui ne sont jamais tolérés par la cellule humaine ; 2° ceux qui provoquent une réaction subaiguë ; 3° ceux qui peuvent séjourner longtemps dans l'organisme.

La 1re catégorie réunit les maladies infectieuses, telles que la méningite cérébro-spinale, la fièvre jaune, les fièvres éruptives, le typhus exanthématique, la peste bubonique, la fièvre typhoïde, les infections streptococciques, la spirochétose ictéro-hémorrhagique, la variole, etc...

Toutes les infections qui provoquent l'élévation brusque de la température, et présentent un cycle constant, rentrent dans cette catégorie.

On peut sans doute rencontrer les mêmes agents microbiens à la surface des muqueuses, ainsi que le fait est bien démontré par la fréquence des porteurs de germes. Mais, tant que le revêtement épithélial est intact, ceux-ci ne peuvent pénétrer. On doit attribuer ici une importance considérable à l'intégrité du milieu sanguin et surtout de la lymphe.

Pourvu que le chimisme reste normal, les épithéliums de revêtement seront capables de maintenir une barrière infranchissable à l'envahissement ; si, accidentellement, une porte d'entrée vient à s'ouvrir, le système de la lymphe peut encore être assez puissant pour localiser le foyer de pénétration, et laisser aux leucocytes le temps d'accourir pour détruire l'envahisseur sur place.

Mais si la défense est insuffisante, l'élément infectieux a le temps de pulluler, puis d'envahir le sang assez rapidement pour s'y multiplier avant la mobilisation complète des macrophages.

L'état infectieux étant désormais constitué, la lutte se poursuivra jusqu'à extinction du microbe, ou jusqu'à la mort du sujet atteint.

La 2ᵐᵉ catégorie est représentée par les agents microbiens qui peuvent séjourner à l'état latent dans l'organisme, et qui cependant peuvent déterminer à l'improviste les accidents aigus fébriles.

Il reste encore beaucoup de points obscurs dans leur évolution pathogénique. On peut citer comme exemples le paludisme, la gonococcie, la fièvre bilieuse hématurique, qui peuvent servir de types.

Considérons par exemple le paludisme. On sait qu'un individu peut avoir séjourné pendant plusieurs années aux colonies, dans un pays palustre, sans y avoir présenté le moindre accès, et cependant, plusieurs mois après son retour, être atteint de fièvre intermittente violente.

Il ne peut s'agir de porteurs de germes ; cette interprétation est inacceptable à cause du long espace de temps qui s'est écoulé après le retour. Du reste on rencontre de multiples cas de paludisme latent, silencieux, provoquant l'anémie progressive, puis éclatant en accès fébriles violents quelques heures après un choc important.

Ces exemples démontrent qu'un agent microbien peut exister dans l'organisme pendant une durée de temps très variable, de quelques jours ou de plusieurs mois, sans manifester sa présence par des phénomènes aigus ; toutefois cette période de silence n'est pas d'une absolue innocuité : le foie s'hypertrophie lentement, ainsi que la rate ; les toxines palustres se déversént à faible dose continue, et provoquent une dépression générale des forces.

Dans l'infection blennorrhagique, il s'agit d'un autre mode d'évolution. Le premier contact du gonocoque détermine une réaction violente ; puis la virulence décroît, ainsi que la réaction cellulaire ; quelques gonocoques persistent dans des glandes ou dans les couches cellulaires profondes, et y sont tolérés.

Cependant leur vitalité reste en puissance, et se réveillera s'il survient une diminution de la résistance organique. Un autre type d'évolution se rencontre dans la fièvre bilieuse hématurique des pays chauds. La première atteinte est violente, aussi nette qu'une fièvre éruptive ; puis la crise s'atténue, la fièvre tombe, et la guérison semble acquise à ceux qui ne sont pas avertis.

Une rechute est certaine. Si cette rechute apparaît au bout de 8 ou 10 jours, ou, même plus tardive, si elle ne présente pas une diminution d'intensité notable par rapport au premier accès, l'hésitation n'est plus permise. Le malade doit au plus vite changer de climat, gagner une région où la température soit moindre : sinon, la mort est fatale à la 3me ou 4me rechute. Cette forme morbide a été récemment rattachée au paladisme. Quoi qu'il en soit, elle mérite de servir d'exemple de pullulations très violentes, séparées par des périodes apyrétiques.

Des exemples précédents nous devons retenir 2 caractères :

1º La forme biphasée de nombreuses infections, tantôt aiguë, tantôt silencieuse.

2º La sécrétion continue de toxines pendant les accalmies.

Toutes les maladies infectieuses peuvent être étudiées avec fruit à ce double point de vue, depuis les plus virulentes jusqu'à celles qui présentent la plus lente évolution. Nous y reviendrons plus loin.

La 3me catégorie comporte les infections dont les agents actifs peuvent séjourner pendant des années sans provoquer de réaction cellulaire appréciable.

Les plus importantes sont : la lèpre et la syphilis.

On sait pendant combien d'années peut évoluer un foyer de lèpre anesthésique, sans autre lésion que l'insensibilité et l'altération pigmentaire d'un placard de la peau, et quelque nodosité du nerf cubital.

La tolérance remarquable que présentent les cellules humaines à l'égard du bacille de HANSEN paraît s'expliquer par le caractère anesthésiant de la toxine sécrétée. Cette influence retentit sur tout le système nerveux ; on peut noter chez les lépreux une indifférence singulière à l'égard de leur santé, ou des faits quoditiens de l'existence.

La syphilis atteint un degré plus élevé encore dans la tolérance des tissus. Elle peut passer d'une génération à l'autre, sans qu'on puisse constater quelque période de réveil actif. Cependant nous verrons que la toxine est constamment sécrétée, quelle que soit la durée de la période larvée. C'est une notation précieuse à retenir, qui peut nous fournir l'unique preuve de la présence de la syphilis dans quelque région de l'individu.

La toxine syphilitique se rapproche de celle de la lèpre en ce qu'elle est presque anesthésiante ; du moins les lésions dues au tréponème ne sont jamais douloureuses ; et, de plus, cette toxine est excitante, et active la fonction cellulaire, ainsi que nous le démontrerons plus loin.

Entre les 2me et 3me catégories d'infections, se place la tuberculose. Le bacille de KOCH peut être lent dans son évolution. Cependant il détermine toujours un certain degré de réaction cellulaire, qui s'accompagne de douleur. En outre, il ne reste jamais très longtemps sans manifester quelque pullulation, et les poussées congestives se produisent périodiquement autour du foyer de pénétration.

La toxine tuberculeuse est parésiante, et exerce son action sur tout l'organisme, dont les énergies vont s'amoindrissant, et dont les fonctions revêtent vite une tendance aux phénomènes douloureux.

Les conditions générales qui précèdent vont nous permettre d'aider à fixer le diagnostic chaque fois que, en l'absence de toute manifestation aiguë ou de toute localisation précise, l'état des organes de la défense nous avertit de la présence d'une intoxication ou d'une intoxination. Entre les poisons chimiques ou les produits de désassimilation organique d'une part, et les poisons microbiens d'autre part, nous possédons comme méthode de diagnostic le type biphasé de pullulations suivies d'accalmies ; ce type caractérise les agents virulents, et obéit à des lois de périodicité, alors que les substances inertes, naissant accidentellement dans l'organisme, ne provoquent que des troubles isolés, sans sériation régulière. La présence d'un microbe étant connue, on cherchera à le reconnaître par le caractère propre de sa toxine.

Loi de périodicité.

La périodicité des réveils congestifs a été signalée par LAENNEC au sujet de la tuberculose, et tout le corps médical la reconnaît. Elle est commune dans la fièvre typhoïde ; on l'observe dans l'érisypèle, dans le paludisme, etc.

Nous avons signalé autrefois, à diverses reprises, le même caractère dans la syphilis.

Dans les observations de syphilis tertiaire, dont l'évolution est relevée au cours de plusieurs années, on constate le retour périodique des accidents, et presque toujours au même foyer. C'est grâce à cette répétition des mêmes accidents, à des intervalles divers, qu'on a pu établir la « loi de localisation ». Ce principe de la répétition sur place de lésions toujours identiques, qui ne varient que dans leur degré d'intensité, comporte en lui-même la loi de périodicité.

Gilbert Ballet a signalé l'existence de crises périodiques de mélancolie, prémonitoire de la paralysie générale progressive.

Dans la syphilis osseuse ou ostéo-articulaire, on peut observer des cas de rechutes périodiques, ayant chacune donné lieu à une intervention chirurgicale suivie de guérison apparente. Nous avons rencontré un de ces exemples où 5 grattages osseux avaient paru d'abord couronnés de succès ; chaque fois la lésion récidiva après quelques mois de santé apparente ; elle ne se répara définitivement que par le traitement spécifique, sans intervention sanglante.

Bien que toujours en éveil sur la nature syphilitique d'une lésion osseuse indolente, j'ai commis la même faute, lorsque le traitement d'épreuve avait été insuffisant. Il est intéressant de noter le caractère de ces récidives, les dates de leur réapparition et leur durée, le pronostic pouvant s'établir suivant que les réveils s'accroissent de fréquence et d'intensité, ou au contraire s'atténuent progressivement.

Dans les hémiplégies, on observe souvent une série d'attaques d'abord légères, puis plus graves, et enfin mortelles.

Toutes les formes du tertiarisme abondent en exemples de ce genre : récidives sur place, ou crises successives aiguës, au cours d'un état subaigu, ou d'un état chronique.

Une notation exacte permet de reconnaître que, sauf survenance d'un choc physique ou moral, ces crises sont espacées d'après un rythme spécial à chaque cas; elles s'espacent ou se rapprochent suivant qu'un traitement est institué ou non.

Une autre conséquence de la loi de périodicité se manifeste dans la descendance. La virulence morbide ne se transmet pas avec la même intensité suivant que le procréateur est en état de crise ou en état d'accalmie. La preuve en est démonstrative quand les enfants sont nombreux ; les uns sont fortement touchés, d'autres beaucoup moins.

Les dystrophies et les stigmates peuvent être absolument différents.

Il existe quelques exemples de lésions identiques, celui de PERRIN : 4 enfants atteints de pied bot; celui de TUFFIER : 2 enfants cryptorchides; celui de TARNOWSKY, où 3 présentaient un bec de lièvre, et d'autres analogues, réunis par Edmond FOURNIER en 1907.

Ce sont là des exceptions. Dans la grande majorité des cas, s'il existe quelque lésion commune, les dystrophies et les altérations glandulaires varient entre les enfants de même souche.

Le caractère commun est presque toujours représenté par les troubles du foie ; les cholémies familiales du

professeur GILBERT atteignent tous les sujets de la même
génération; mais le degré d'acuité ne sera pas égal
chez tous ; l'un sera à peine atteint, ou entre deux autres
nettement cholémiques.

Dans une famille de 7 enfants, nous avons observé
un jeune homme présentant seulement des symptômes
de subictère, de l'agitation habituelle, de la boulimie,
mais aucun autre trouble ni dystrophie; il contracta une
syphilis nouvelle ; or, deux aînés sont atteints, l'un de
surrénalite chronique et de stigmates dentaires et
auriculaires, l'autre de myxœdème fruste et de stigmates multiples (palais ogival, incisives poinçonnées) ;
chez une sœur puînée survinrent une appendicite, un
kyste ovarien, puis un ulcère gastrique ; le 5me enfant
présente un front olympien et de la boulimie ; la 6me
n'avait aucune dystrophie ; elle dut être opérée de
végétations adénoïdes, puis d'appendicite ; le 7me était
agité, et boulimique, sans autres troubles que la sensibilité extrême du naso-pharynx, des amygdales et de
l'appendice.

Or le père était lui-même hérédo, et n'avait pas con-
tracté de syphilis. La mère ne présenta jamais aucune
manifestation spécifique.

Nous pourrions citer plusieurs observations familiales
analogues, où des enfants peu atteints sont encadrés
entre d'autres beaucoup plus sévèrement infectés. Chaque
fois, l'origine provenait du côté paternel.

Au contraire, quand la source provenait du côté maternel, les enfants présentaient une échelle régulière de

degrés d'intensité morbide, tantôt montante tantôt descendante.

Ces faits sont rationnels ; l'hérédité paternelle est variable, et procède de l'état actuel lors de la procréation, d'où les variations multiples dans la gravité de la transmission.

L'hérédité maternelle est nécessairement plus fixe, puisque la transmission s'exercera pendant tout le cours de la grossesse.

Nous avons souvent employé cette méthode pour rechercher l'origine de l'infection, et jamais elle ne s'est montrée en défaut.

La virulence de l'hérédo-syphilis peut se montrer ainsi très inégale.

La loi de périodicité paraît donc générale. Toutefois elle n'est pas mise à profit par le corps médical.

Les réveils périodiques ne sont pas dus au hasard ; ils font partie intégrante de l'évolution morbide ; s'ils varient avec chaque sujet, c'est par suite des contingences qui influent sur leur mode ; on peut toujours discerner leur type d'ensemble et constater si les poussées congestives vont s'atténuant et s'éloignent les unes des autres, ou si au contraire elles vont s'aggravant et deviennent plus fréquentes.

Dans certains cas même, ces indications aident puissamment la thérapeutique. Un tuberculeux à la période curable sera vite convaincu de la nécessité de se traiter énergiquement, si on lui démontre, par la fréquence croissante des poussées congestives, que son état s'aggrave.

Une autre raison est plus importante encore. Nous

savons tous combien les thérapeutiques actives sont mal tolérées pendant les crises, même peu fébriles ; à ce moment, on devrait se contenter de traitements doux et prudents, surtout conseiller le repos, et réserver la médication intensive pour la phase d'accalmie ; or c'est précisément ce que le malade s'obstine à ne pas croire. Dès qu'il tousse, il nous supplie de le soigner énergiquement, ne nous fait pas grâce d'un instant, et abandonne tout dès qu'il se sent amélioré.

Lorsqu'il sait que la poussée suivante se produira *fatalement*, surtout si on lui en prédit la date, il obéit, et la guérison devient possible.

D'autres conséquences toutes professionnelles ne sont pas à négliger. Deux praticiens examinent un malade l'un pendant une crise, l'autre pendant une accalmie, formulent deux opinions différentes. La famille du malade ne comprendra jamais qu'ils avaient raison tous deux, et l'un sera considéré comme incapable.

C'est encore à la même cause qu'il faut rattacher la plupart des soi-disant succès du charlatanisme : alors que la prescription du médecin au début de la crise ne réduira que légèrement l'ascension des troubles, la formule employée à la phase décroissante aura toute l'apparence du remède idéal.

Ce n'est pas seulement chez les tuberculeux ou les syphilitiques que cette ignorance de la loi de périodicité peut être lourde de conséquences.

Dans le décours de la fièvre typhoïde, il faut toujours songer à la rechute prochaine, et l'annoncer comme probable. Sinon, lorsqu'elle se produira, l'on accusera soit le traitement, soit un retour précoce à l'alimentation ;

et, si la mort survient plus tard, un innocent en portera la lourde responsabilité.

La raison pratique commande donc de mieux connaître le caractère de périodicité des maladies infectieuses, et surtout de savoir en tirer parti.

C'est là du reste une question complexe qui comporte les influences saisonnières.

Il est régulier de voir apparaître, au début du printemps, une crise, chez tous les sujets dont la défense est précaire. A cette époque, sans qu'il soit nécessaire que survienne un excès ou une ingestion toxique, des malaises se produisent.

A fortiori, tous les sujets en état diathésique marquent une poussée plus ou moins aiguë, suivant le degré de l'atteinte morbide.

Il s'agit en effet d'une dépression saisonnière de l'organisme humain ; le fait a existé de tous temps, d'une manière inéluctable ; nous savons par l'institution du Carême et du Rhamadan que cette influence a préoccupé les grands conducteurs de l'humanité.

C'est une loi fixe à laquelle personne n'échappe, et qui peut servir de critérium ; tout individu qui franchit la période de mars et avril sans aucun malaise, peut être considéré comme en équilibre de santé.

On ne peut différencier à cette occasion les troubles toxiques et les troubles toxiniques, qu'en analysant les détails.

Les symptômes généraux sont les mêmes : état de fatigue, de courbature ; anorexie, altérations lymphoïdes telles que coryza, pharyngite, trachéo-bronchite, langue saburrale, troubles du foie et fermentations gastro-intestinales.

Les éléments de diagnostic sont les suivants :

1º Chez les sujets qui, sans présenter un degré quelconque d'intoxication, ni une affection microbienne latente, sont seulement en état de moindre résistance, on observe le coryza, la pharyngite, la trachéite, sans état saburral primitif de la langue; l'appétit est diminué, et la température s'écarte très peu de la normale.

2º Ches les intoxiqués, le début est lent. La langue se salit d'abord, ensuite apparaît l'enchifrènement et le coryza, avec anorexie et dépression de l'énergie volontaire. Cette période ne comporte pas de fièvre ; toutefois, l'état de vulnérabilité est constitué, et permet souvent l'éclosion d'une auto-infection, c'est-à-dire la pénétration d'un des microbes parasites, toujours prêts à envahir l'organisme, si la défense subit une phase de déchéance.

3º Chez les individus atteints d'une infection latente, notamment chez les tuberculeux, le type clinique est inverse. Les phénomènes fébriles, parfois très peu marqués, accompagnent la congestion lymphoïde du nez, du naso-pharynx et des amygdales. La langue n'est pas saburrale au début, et le devient au bout de quelques jours ; plus elle tarde à le devenir, plus le pronostic est favorable ; la date d'apparition de la « langue sale » indique la saturation toxinique de la lymphe.

L'influence saisonnière peut être ainsi mise à profit en ce qu'elle indique le degré de résistance individuelle, et l'on doit en tenir compte dans le calcul de la périodicité.

Toute cause accidentelle, capable de créer un choc

moral ou physique peut provoquer ou hâter l'apparition d'une poussée microbienne. C'est ainsi que la paralysie générale, ou une crise tabétique, ou une syphilide peut se réveiller à la suite d'une fracture ou d'une émotion grave.

En l'absence de toute influence fortuite, de nature à modifier l'équilibre de l'organisme, toute altération du tissu lymphoïde doit être tenue pour suspecte et mérite qu'on en recherche la cause.

Le plus souvent, il s'agit d'un état infectieux latent.

La date doit en être notée avec soin ainsi que la durée, pour pouvoir être comparée à une crise ultérieure, qui doit être considérée comme certaine dans l'avenir.

Dans l'appréciation des causes accidentelles, il ne faut pas tenir compte des influences banales, telles que les courants d'air, le brouillard, les fatigues modérées, que les malades s'empressent d'admettre comme des causes réelles, sans réfléchir que maintes fois les mêmes influences n'ont eu aucun effet fâcheux.

Le froid, en particulier, ne peut être invoqué que s'il a été la cause d'une souffrance momentanée, tout au moins d'un malaise réellement éprouvé.

Les caractères propres des toxines.

Lorsque le médecin est averti qu'il existe une influence toxinique, il doit pouvoir en préciser la nature.

Nous avons déjà signalé les éléments principaux de cette méthode d'investigation, qui doit maintenant être développée plus longuement.

Le rôle des toxines occupe une place considérable dans la pathologie générale depuis ces dernières années : notamment le professeur BOUCHARD et ses élèves y ont apporté une large contribution.

Ainsi pouvons-nous être éclairés sur le mode d'action de la plupart des poisons microbiens. Il reste cependant des recherches à poursuivre à cet égard.

L'action obnubilante de la toxine éberthienne n'est pas plus à démontrer que l'action tétanisante de la toxine tétanique, anesthésique de la toxine lépreuse.

Pour ces graves infections, c'est le type d'action toxinique qui permet de poser le diagnostic. On pourrait étendre la même étude à toutes les toxines microbiennes, bien qu'elles soient loin de posséder, toutes, des caractères aussi tranchés.

Il n'est pas absolument nécessaire de posséder ces notions lorsqu'il s'agit de fièvre aiguë à violente évolution.

Les troubles généraux se succèdent rapidement et fixent le diagnostic. Il n'en est pas de même pour les infections capables de rester longtemps obscures, que nous ne reconnaissons que longtemps après leur date de pénétration première, telles que le paludisme, la lèpre, la tuberculose, l'hérédo-syphilis.

Le paludisme reste longtemps ignoré dans de nombreuses régions de notre territoire, attendu qu'il y conserve une forme larvée et que les accidents fébriles, fugaces, ne sont pas contrôlés au thermomètre. On doit y penser chaque fois qu'il existe un état d'anémie de cause inconnue, avec altérations hépatiques et spléniques, ou atonie gastro-intestinale. La toxine palustre n'est pas parésiante ; l'anémie est due aux lésions des globules sanguins ; l'anorexie provient de la fatigue du foie, mais la dilatation gastrique, si constante chez les tuberculeux, s'y observe rarement.

Les fibres musculaires gastro-intestinales conservent leur motilité et les fonctions se rétablissent promptement, dès qu'est instituée la thérapeutique appropriée.

La rareté de la lèpre permet de ne pas insister sur son étude.

La toxine tuberculeuse est beaucoup plus importante à préciser : elle exerce une action parésiante sur la fibre musculaire lisse.

Cette influence se manifeste notamment au niveau de l'estomac, qui se laisse dilater très rapidement, et présente, en permanence, un état de flatulence particulière.

On peut, au moyen du massage, distinguer cette atonie gastrique de la dilatation des intoxiqués. En effet, lorsque l'on constate un foyer de clapotement stomacal, il faut pratiquer, 3 heures après le repas, un massage de l'estomac.

Chez les intoxiqués, dont la dilatation est due aux fermentations, ou aux excès alimentaires, et, par conséquent, est surtout mécanique, la paroi réagit vite au massage ; on s'en rend compte par le déplacement du foyer de clapotement, qui, d'abord situé très bas et à gauche, s'élève et se rapproche de la ligne médiane. La paroi gastrique est donc restée contractile.

Il n'en est pas de même chez les tuberculeux ; le foyer de clapotement reste invariable. On peut obtenir une diminution de son intensité lorsqu'une partie du contenu s'est évacué sous l'influence des pressions manuelles, mais l'état de distension de la poche gastrique n'est que très peu modifié, et son niveau inférieur est resté le même. J'ai observé ce caractère avec une telle constance chez les bacillaires, que je le considère comme un symptôme, dans les cas où le diagnostic est hésitant, en présence d'un état de dyspepsie atonique.

L'action parésiante de la toxine bacillaire s'étend à toutes les fonctions, et détermine l'habitus déprimé des tuberculeux.

Cette preuve n'est précise que chez ceux dont la bacillose est seule en cause. On la rencontre avec beaucoup moins de netteté dans les cas hybrides où la tuberculose est greffée sur un terrain hérédo-syphilitique.

La toxine syphilitique n'est pas connue. J'ai déjà attiré l'attention sur ses caractères dans diverses publications, en lui attribuant une action excitante. Cependant il suffit de parcourir les traités spéciaux, et les observations publiées par les divers auteurs, pour constater avec quelle unanimité tous les symptômes qui procèdent de la syphilis comportent un caractère d'hyper-fonctionnement de tous les organes.

Le professeur FOURNIER avait, le premier, signalé la boulimie comme un caractère vraiment spécial, et appartenant à la syphilis seule. Depuis longtemps tous en ont reconnu l'exactitude. Ce caractère existe même dans les formes récentes, au moment de l'éclosion des accidents secondaires ; il est plus marqué dans les formes anciennes ; il est rare de ne pas constater un accroissement d'appétit lors d'une poussée gommeuse ou scléro-gommeuse, ou d'une crise aiguë, en cours de tabes ou de paralysie générale.

Cette boulimie dure autant que la période de surac-tivité morbide ; souvent elle se poursuit au delà, et devient permanente ; elle peut persister jusqu'au terme ultime de la vie, et ne cesser que peu de jours avant la mort.

Chez les hérédos, ce signe est beaucoup plus fixe et mérite de faire partie du syndrome. L'appétit est constant et résiste aux troubles de la santé générale, même alors qu'on observe des désordres gastro-intes-tinaux.

On constate l'accroissement de l'appétit, en même temps qu'une poussée d'adénoïdite ou d'adénopathie spécifique.

Le degré de boulimie obéissant à l'évolution des troubles syphilitiques, on doit en conclure que cette exagération peptique appartient bien à l'action morbide, dont elle est une conséquence.

C'est en effet à l'accroissement de la production toxinique, qu'est due cette excitation fonctionnelle.

On trouve la même suractivation dans d'autres sys-tèmes organiques.

L'hypertension artérielle est habituelle. La multi-parité est des plus fréquente.

Le système nerveux subit très vivement l'excitation toxinique.

L'insomnie, l'agitation diurne est fréquente. Les enfants syphilitiques sont incapables de rester un instant immobiles. Le tableau est caractéristique dans les familles nombreuses ; tous les enfants sont en état de mouvement perpétuel, touchant à tout, renversant tout, s'asseyant pour se relever aussitôt ; si on les oblige à rester assis, les membres se balancent, les mains sont agitées.

A la seconde génération d'hérédos, les attitudes sont aussi singulières. J'ai connu une famille dans laquelle deux frères hérédo-syphilitiques, avaient l'un 7 enfants et l'autre 5 ; la réunion de ces 12 hérédos de 2me génération présentait un ensemble inoubliable. Tous montraient une agitation égale ; dans chaque groupe il y avait deux jumeaux ; il ne fut possible de les examiner qu'en les laissant s'agiter dans un corridor, et en les prenant un à un. Leur santé était plus ou moins altérée ; outre des végétations adénoïdes et des otites dont presque tous étaient atteints, ils présentaient des stigmates dystrophiques variés, de gravité inégale. Les deux pères ainsi que tous les enfants étaient boulimiques.

De tels spectacles imposent une conviction. Du reste aucun fait, dans les signes de syphilis, ne vient démentir la théorie de la toxine excitante. La paralysie générale n'est qu'une lente progression d'excitation cérébrale ; d'abord active, la pensée devient agitée, puis désordonnée, et se termine dans l'incohérence.

On peut opposer à cette conclusion que plus d'un hérédo est apathique. Ces exceptions sont dues à ce que certaines glandes endocrines, notamment le corps thyroïde, sont épuisées ; la torpeur est une conséquence du mal ; du reste, même apathiques, ces enfants sont et resteront boulimiques.

Il est inutile de multiplier les exemples. Il suffit à

chaque médecin de savoir regarder autour de lui pour être convaincu.

Ce caractère d'excitation peut nous servir de guide dans la difficile recherche de la persistance de l'activité syphilitique à travers les générations.

LEREDDE, dans son remarquable traité sur « le domaine de la syphilis » (1), laisse bien entrevoir une étendue insoupçonnée dont il ne fixe pas les bornes. Il demande aux méthodes de laboratoire de fournir le critérium.

Malgré le programme très complet dont cet auteur, dont la maîtrise est incontestable, propose l'application, il s'écoulera un assez long délai avant qu'il soit mis en pratique. Les praticiens isolés pourront-ils décider les récalcitrants à se soumettre à des soins si assidus ?

Les réactions de WASSERMANN, de HECHT WEINBERG sont souvent muettes dans les cas d'hérédité ancienne.

Or aucune raison ne nous autorise actuellement à dire combien de générations peut traverser le virus syphilitique.

Edmond FOURNIER a démontré que la syphilis peut passer du grand-père au petit-fils, avec assez de virulence pour créer une gomme mutilante.

Depuis lors, il a été publié des exemples de syphilis héréditaire de 2me génération, soit sous forme de maladie de LITTLE ou de méningite syphilitique. Personnellement, nous en avons fréquemment rencontré des exemples.

(1) LEREDDE : *Domaine, Traitement, et Prophylaxie de la Syphilis*, Paris, Maloine, 1917.

Chauffard a cité le cas d'ictère hémolytique survenu chez deux sœurs hérédos de deuxième génération (1).

Des faits semblables ne sont pas rares. Lorsque l'infection spécifique n'a pas été combattue, on trouve l'influence de la syphilis jusqu'à la 3me génération. Or, parmi les sujets atteints, la proportion des « insontium » soit par ignorance, soit par erreur de diagnostic peut être de 15 à 20 0/0 chez l'homme (Leredde) de 30 à 40 p 0/0 chez la femme (Viannay).

Aucun traitement n'a donc pu leur être appliqué.

Dans leur descendance, on observe l'insomnie, le cri des nourrissons (Gennaro Sisto), l'agitation habituelle, la boulimie précoce. Si ce sont autant de formes sous lesquelles se manifeste la tóxine syphilitique, il faut convenir qu'il existe un agent vivant pour la sécréter.

Tant que l'on constate ces caractères d'hyperactivité fonctionnelle, dont les deux plus importants sont l'agitation et la boulimie, on doit admettre que la syphilis est encore active.

Or le cas s'observe très fréquemment à la 3me génération. A cette époque, le traitement mercuriel agit très utilement, et diminue ces deux caractères d'exagération.

Au delà de cette limite, les faits sont moins précis, sauf lorsque l'hérédité s'est doublée, c'est-à-dire que l'hérédité du père a été renforcée par une hérédité de la mère.

---

(1) Professeur Chauffard : *Les ictères hémolytiques* (Leçon à l'Hôpital Saint-Antoine). — Leredde : *Le domaine de la Syphilis.* — Viannay : *Annales de Dermatologie, de Syphiligraphie*, 1898.— Gennaro Sisto : *Les cris des nourrissons.*

Les syndromes présentés par les sujets de la 3me génération sont très spéciaux, sans présenter de type absolu.

On peut cependant les analyser assez aisément, en tenant compte des indications fournies par la défense antitoxique.

A mesure que l'action toxinique s'est exercée à travers les générations, les glandes endocrines se sont altérées ; d'abord le foie et le système de la lymphe ; puis les organes du groupe secondaire, corps thyroïde, hypophyse, glandes surrénales, ovaire ou testicule, etc...

Il en résulte un mélange de troubles fonctionnels très variés.

La sensibilisation du tissu lymphoïde est constante, surtout au niveau du naso-pharynx, et des amygdales. Les lésions du foie et de la peau sont fréquentes. Toutes ces causes continuent d'entraver le fonctionnement normal de l'organisme, principalement à l'égard des fonctions respiratoires et digestives. L'insomnie ou l'agitation du sommeil sont habituelles.

Malgré toutes ces causes d'infériorité, et même au cours d'états morbides, on reste étonné de la résistance des individus.

On constate une contradiction absolue entre la gravité des symptômes et la persistance de l'énergie volontaire.

C'est là une signature de la syphilis. Le docteur NOTTA, de Lisieux, clinicien consommé, a formulé ainsi son opinion : « Chaque fois que les troubles présentent une allure anormale, il faut songer à la syphilis. »

Cette formule s'applique très exactement aux hérédos tardifs ; il n'existe à cette période aucun accident précis ; les éléments de la défense sont tous altérés.

Quelques-uns ont manifesté leur atteinte dans le développement organique. Tantôt la suractivité hypophysaire aura créé l'acromégalie, sinon le gigantisme ; tantôt chez la jeune fille l'hypertrophie thyroïdienne, suivie de macromastie, aura déterminé un type spécial ; tantôt ce sont les glandes surrénales qui sont déficitaires, et les sujets présenteront de l'hyperpigmentation, avec sécheresse de la peau et maigreur permanente.

L'insuffisance fonctionnelle du foie, la fréquence des troubles cutanés ne manquent jamais dans tous ces cas. L'organisme apparaît ainsi en état d'infériorité manifeste; cependant il présente une vigueur psychique qui se lit dans l'intensité du regard, et qui se manifestera dans l'incroyable rapidité des convalescences.

Ces sujets que l'on appelle volontiers des « Trompe-la-mort » sont déconcertants pour le médecin non averti.

La cause réelle de ces contradictions ne peut appartenir qu'à la syphilis, à condition qu'elle soit encore en activité.

Les organes de la défense ont perdu une grande partie de leur efficacité, par suite de l'effort constant que nécessite la destruction continue de la toxine spécifique ; cependant celle-ci conserve son influence excito-motrice sur les centres nerveux, et maintient un taux d'énergie générale, qu'aucune autre maladie ne permettrait. La vulnérabilité de l'organisme, à l'égard des infections, s'accroît à mesure que la défense s'épuise ; le parasite le plus fréquent est le bacille de Koch, qui s'y implante facilement.

Tant que la syphilis n'est pas totalement éteinte, elle

apporte un appoint de réaction, qui détermine le type scléreux. La tuberculose née chez un hérédo de 3me génération sera rarement mortelle, du moins elle mettra plusieurs dizaines d'années à évoluer, en conservant le type fibreux.

On pourra mesurer la valeur de la résistance due au terrain syphilitique, par le degré d'appétit conservé « quand même ».

Ce fait a souvent faussé le jugement des familles, même des médecins. En voyant des boulimiques résister à la bacillose plus facilement que les autres, on a pu croire que la suralimentation pouvait être une manière de traitement. C'est cependant une erreur. La suralimentation ne peut qu'accroître l'intoxication ; autant il est logique de permettre au boulimique la quantité alimentaire qu'il réclame, s'il la supporte sans aucun désordre intestinal, autant il est dangereux de lui imposer une absorption exagérée.

A plus forte raison, doit-on éviter une surcharge à un estomac déjà dilaté et notoirement atonique. De plus, il faut faire une distinction de régime entre les périodes congestives et les périodes d'accalmie.

Aux premières convient une alimentation très réservée, une hygiène intestinale étroite, et surtout du repos. C'est lorsque la crise cesse, que l'on peut sans crainte employer les traitements toniques et l'alimentation, sinon exagérée, du moins aussi large que possible, et l'activité physique méthodiquement mesurée.

La toxine spécifique n'est pas seulement excitante ; elle ne comporte aucun phénomène douloureux.

On sait que les accidents syphilitiques se caractérisent

par l'absence de douleur. Lorsqu'on en observe, c'est au niveau de plaques muqueuses, ou de lésions phagédéniques, lors d'associations microbiennes. Encore les mêmes lésions peuvent-elles être totalement indolores.

Le seul caractère vraiment pénible est constitué par les céphalées ou, passagèrement, au cours du tabes (douleurs fulgurantes). Ne s'agit-il pas plutôt, en ce cas, de phénomènes de compression des éléments normaux par les foyers de sclérose ? On pourrait même pour expliquer les terribles céphalées de la période secondaire, incriminer, ainsi que nous l'avons proposé déjà, la tuméfaction de la glande pituitaire comprimée dans la selle turcique.

Ces exceptions établies, toutes les lésions spécifiques sont indifférentes au malade.

Dans la population ouvrière, et surtout dans les campagnes, les sujets se désintéressent de tout traitement, parce qu'ils ne souffrent pas, et que leur appétit reste excellent.

Ces deux caractères d'excitation et d'indolence, propres à la toxine syphilitique, ont comme conséquence de faire tolérer le virus par la cellule humaine. Le tréponème peut, ainsi, persister silencieusement pendant des années dans les tissus, sécrétant sa toxine à petite dose continué, sans que rien ne vienne manifester sa présence, si ce n'est l'excitation des fonctions, et l'usure lente des glandes de défense.

Est-ce sous la seule forme de spirochète que l'agent de la syphilis peut ainsi vivre ?

Le docteur QUÉRY, au congrès du Havre pour l'Avancement des Sciences, a présenté des cultures de trépo-

nème, obtenues en milieu mercuriel : il a décrit une
forme primitive en bâtonnets — d'autres filamenteuses—
d'autres en massue ou en haltère — en chaînette —
réniformes — ondulées — spiralées (1).

Il conclut que la forme normale de l'agent de la syphilis
est celle en bâtonnets, et que celui-ci mesure 3 à 5 µ
de longueur sur 1,5 de large.

Il déclare avoir observé que l'addition d'iode ou d'iodures, dans les milieux de culture, favorise le développement du bacille, tandis que le mercure le retarde.

Ces expériences apporteraient une lumière imprévue
sur l'évolution de la syphilis dans l'organisme ; elles
méritent d'être prises en considération.

On est obligé d'admettre que le tréponème peut
accompagner le spermatozoaire fécondant dans sa
migration dans l'ovule. Comment expliquer autrement
la syphilis conceptionnelle, qui, depuis les travaux de
Diday, est aujourd'hui universellement reconnue ?

C'est sous la forme d'un agent vivant que l'infection
se transmet directement à l'œuf, sans contaminer la
mère. Cet agent virulent a donc dû pénétrer dans l'ovule
avec la cellule. Peut-on concevoir que cette transmission
serait possible sous la forme du spirochète, dont la
longueur égale ou peut même dépasser les dimensions de
la tête du spermatozoïde ?

Il est moins difficile d'admettre que le virus se transmet
sous une forme larvée, peut-être à l'état de spore
(Quéry considère la forme en massue ou en haltère

---

(1) Docteur Quéry : *Le polymorphisme microbien dans la syphilis*,
Congrès du Hâvre, juillet 1914.

comme due probablement à une formation de spore à l'extrémité du bâtonnet.)

Quoi qu'il en soit, le virus vit dans l'embryon. Dans certains cas, il va prendre son entier développement au cours de la grossesse, et donner lieu à une infection violente de la mère, aussi intense qu'une syphilis normale. L'avortement en est la conséquence fréquente ; ou bien le fœtus naît en pleine infection.

Mais, il est d'autres cas où la mère n'éprouve pas de troubles, où aucun symptôme ne permet d'affirmer qu'elle soit atteinte elle-même (1).

L'enfant peut aussi naître avec l'apparence d'une santé normale.

S'il est exact que le plus souvent on constate des dystrophies, des troubles du foie, il est possible qu'il n'existe aucun indice d'hérédité.

J'ai signalé jadis le cas d'une jeune fille qui, sans aucun signe d'hérédité spéciale, fut atteinte de fracture spontanée du fémur. (Depuis lors, j'ai reconnu qu'une de ses sœurs était nettement entachée d'hérédité.)

Leredde, citant un cas d'A. Fournier et un de Edmond Fournier, conclut à la possibilité de l'hérédité virulente sans aucun stigmate. Peut-être aurait-on pu trouver un document dans le poids du placenta maternel.

Le principe qui se déduit de cet ensemble de faits,

---

(1) Je ferai toutefois une réserve à cet égard. Dans tous les cas où j'ai cru une infection conceptionnelle possible, j'ai suivi de près les moindres troubles : or j'ai observé une période pénible au quatrième mois avec amaigrissement léger et céphalée nocturne, en l'absence de tout autre symptôme spécifique.

démontre que l'agent causal de la syphilis est toléré par la cellule humaine, dont il peut entráver la fonction physiologique.

Il s'y développera néanmoins et, à défaut de tout autre signe, on sera averti qu'il existe une cause infectieuse ignorée, par la fatigue précoce de la défense antitoxique.

Dès la naissance, le coryza, ou l'hypertrophie du foie, de la rate, le sclérème marqueront les premières lésions toxiniques.

La syphilis, étant la seule affection connue capable de passer du père à l'enfant, la mère étant primitivement indemne, constitue un type unique dans le cadre nosologique.

Sauf dans les cas, toujours faciles à connaître, où la mère a été atteinte à la fin de sa grossesse d'une maladie microbienne, et a pu transmettre le germe au fœtus, le tréponème est le seul élément vivant qui puisse se développer chez le nouveau-né, à l'insu de tous.

Cette considération force à diviser l'hérédité en deux groupes, l'un constitué par la syphilis seule, avec agent virulent, établissant une hérédité morbide agissante ; l'autre comprenant tous les états d'infériorité congénitale, mais sans présence microbienne, et créant l'hérédité morbide passive.

Dans les premières années de la vie, le diagnostic pourra être établi entre ces deux types d'hérédité d'après les altérations du système antitoxique.

Les syphilitiques présenteront une altération croissante du tissu lymphoïde, du foie, de là glande lymphatique, avec des exacerbations périodiques, sans qu'on puisse invoquer comme cause des fautes d'hygiène infantile.

Les enfants atteints seulement d'insuffisance congénitale de défense, ne présenteront de troubles que si une cause prochaine, fautes de régime, action du froid, contagion morbide, survient; en l'absence de cause nocive, la loi de la vie doit assurer le relèvement progressif, quoique toujours lent, de l'insuffisance première.

CHAPITRE III

———

L'ÉQUILIBRE ORGANIQUE

Les éléments que nous venons d'analyser dans les deux précédents chapitres se rencontrent au cours de tous les états pathologiques.

Ils n'apportent que peu de clartés nouvelles au syndrome des maladies confirmées.

Leur importance n'est réelle que dans les états de morbidité latente ou dans les périodes d'imminence pathologique.

C'est déjà une raison suffisante pour les suivre avec attention ; si le corps médical y apporte l'intérêt qu'ils méritent, on peut espérer que l'art médical deviendra une science, et trouvera une méthode d'investigation et de pronostic lointain presque mathématique.

On doit reconnaître que toutes les entités morbides auxquelles nous avons appliqué la théorie du rôle antitoxique de la lymphe, sont celles autour desquelles règne le plus d'obscurité.

Il reste certainement de nouvelles recherches à poursuivre. Toutefois il est possible dès maintenant d'étendre dans une large mesure le champ d'action du médecin.

Si l'on appelle « prévoir » le fait de pouvoir noter les premières altérations de la santé, on peut considérer que les indications précédentes en fournissent le moyen.

Ce n'est pas seulement les états prémorbides qu'on peut distinguer, mais les périodes antérieures pendant lesquelles l'organisme s'achemine lentement vers sa déchéance.

Dans cet ordre de recherches, il faut s'efforcer de remonter plus haut, jusqu'à l'état sain. La pratique médicale ne devrait pas connaître d'autre point de départ. Tout ce qui constitue un malaise ou un trouble doit fixer notre attention, quelque insignifiant qu'il paraisse.

Il faudra habituer l'opinion des masses à la méthode nouvelle. Cette adaptation sera facile. Le public préférera toujours s'adresser au médecin qu'au charlatan ou même aux paramédicaux, même instruits et avisés. J'ai vu des individus assidus aux méthodes empiriques les plus absurdes, abandonner peu à peu leurs superstitions devant un traitement logique, même très prolongé.

Leur orientation nouvelle avait été due simplement à un pronostic exact. Ils avaient été avertis, plusieurs mois d'avance, qu'une crise leur surviendrait, et les symptômes principaux leur avaient été précisés.

Or c'est un succès facile pour le clinicien, s'il a pu

connaître le terrain morbide et en observer les plus petits troubles.

Mais, actuellement, se préoccupe-t-on des petits symptômes ? Le praticien local, qui, seul, a pu les connaître, craindrait le ridicule en en faisant part. Il faut un certain étiage, dans l'importance des symptômes, pour qu'il soit permis d'en tenir compte.

Cependant, c'est en notant minutieusement les moindres signes pathologiques qu'on peut connaître le terrain morbide, et aussi par la notion des conditions vitales des types de famille.

Les malades sont le plus souvent incapables de fournir des renseignements complets sur eux-mêmes. C'est pourquoi le clinicien le plus sagace ne pourra conclure d'une manière absolue par une seule inspection d'un sujet, s'il n'est pas averti du passé pathologique individuel et familial.

Tout malade devrait, avant de consulter un maître, posséder une note résumant les indications indispensables, formulées par le médecin de la famille ; et les maîtres devraient en exiger la présentation.

C'est un changement profond dans les habitudes du public, et aussi du corps médical ; mais c'est une réforme indispensable.

Nous devons, surtout aujourd'hui, songer à préserver plutôt qu'à guérir. Dès que les praticiens auront pris l'habitude de mesurer la valeur des petits symptômes, ils ne laisseront pas des hérédités morbides traverser les générations. En surveillant la santé des pères, ils sauvegarderont la descendance. Le pire obstacle est le renom d'infamie qui s'attache à la syphilis. Or ce qui est honteux, ce n'est pas la maladie elle-même, c'est l'hypocrisie et le pharisaïsme qui en maintiennent le renom fâcheux. Si ceux ou celles qui montrent tant de mépris pour les victimes du tréponème savaient dans quelles proportions ils sont eux-mêmes atteints, ils apporteraient plus d'indulgence dans leurs jugements.

La proportion des « insontium », et de ceux qui ont été atteints extra-génitalement, est considérable. Combien de chancres de l'amygdale, dans l'enfance, sont restés inconnus ; le diagnostic ne s'en fait avec certitude que par le toucher, qui permet de reconnaître la dureté de pierre (DUNCAN BULKLEY) caractéristique. Il me souvient d'avoir averti les parents d'enfants ainsi atteints, et de leur avoir recommandé de prévenir le jeune malade quand il serait devenu adulte : les parents m'ont répondu qu'ils n'oseraient jamais le lui dire.

Si chacun savait les ravages que la syphilis sème dans les foyers, on se déciderait bien vite à comprendre la nécessité de modifier à fond l'opinion publique. Les ligues contre l'alcoolisme, contre la tuberculose, resteront un non-sens tant qu'on n'en aura pas créé une contre la syphilis.

Nul parmi les plus chastes et les plus rigoristes n'en est à l'abri. Combien sont glorieux de ne pas l'avoir contractée, sans se douter qu'ils sont eux mêmes hérédo-syphilitiques.

Il faut abolir le stigmate de honte qu'on attribue aux victimes, si souvent innocentes. Quand même, combien peuvent s'accorder le droit de leur jeter la première pierre ?

Une ligue contre la syphilis aurait pour premier

devoir de la faire connaître, de la montrer sous son véritable aspect, d'habituer les masses à connaître son nom, et à ne jamais s'indigner contre ceux qui en sont atteints.

Les pays nouveaux, entre autres la République Argentine, nous montre l'exemple. Le « mot » se dit tout haut, même dans la haute société ; même et surtout en cas de mariage. La syphilis, franchement avouée, n'y constitue pas un obstacle ; on respecte seulement les délais imposés par le médecin.

N'est-ce pas le pire sort pour un médecin, qui doit recourir à toutes les ruses pour faire suivre le traitement à tous les sujets atteints, à leur insu ?

C'est pourtant en gardant son secret, qu'il a des chances de succès ; si, parfois, il se décide à avertir ses malades, il sera honni, et son effort sera perdu.

C'est là l'œuvre de demain. Elle exige la cohésion du corps médical, et la coopération des grands avec les moindres.

Le médecin de famille est seul capable de connaître le terrain morbide. Un jour viendra peut-être où la méthode chinoise s'implantera chez nous, où tout individu, quel que soit son état de santé, se soumettra, périodiquement, à l'examen médical.

Jusqu'à ce que ce système, si parfaitement logique, soit appliqué, le praticien a de nombreuses occasions de connaître les familles de ses clients. Lors d'un accouchement, d'un accident, ou du fait des maladies qui le font appeler, il peut prendre connaissance des caractères essentiels de l'état familial. Il faut toutefois qu'il en tienne registre. Ce registre sera du reste pour lui un patrimoine, et le seul moyen de permettre, plus tard, une cession de clientèle, qui ne soit une duperie pour personne.

Pour réaliser ce programme, les méthodes d'investigation qui résultent de la connaissance exacte du système de la lymphe, apportent des documents suffisants.

Tout individu qui ne présente aucune altération de ses tissus lymphoïdes, aucune sensibilisation de sa glande lymphatique, doit être considéré comme en état de santé. Dès que l'équilibre se trouve rompu, il se produit toujours des indications dans le caractère des troubles, leur degré d'intensité, leur durée d'évolution ou leur type périodique, qui serviront à diriger le diagnostic.

Ces troubles peuvent se manifester en pleine activité de travail, et ne pas l'interrompre ; si le malade n'en tient pas compte, le médecin doit du moins le noter comme signe précurseur à la longue échéance, chaque fois qu'une éventualité lui permet d'en être averti.

L'occasion en est fréquente. S'il est exact que, très souvent, des malades attendent l'imminence morbide avant de songer à demander conseil, il est non moins fréquent de les voir s'adresser aux herboristes ou aux pharmaciens, parce qu'ils n'osent consulter le médecin.

Nous devons convenir que cette situation morale, si regrettable, est bien notre œuvre. Si nous prêtions une oreille attentive aux petites misères humaines, nous verrions accourir plus tôt les sujets qui n'en sont encore qu'à la période d'inquiétude.

Dès que nous changerons de méthode, la masse du public saura s'y adapter promptement.

On peut déjà poser le programme de recherches du praticien à l'égard d'un sujet qui n'éprouve que des malaises imprévus, et qui n'apporte comme symptôme qu'une diminution de son énergie.

Il faut d'abord savoir quel a été le degré d'intégrité organique lors de la naissance.

Il faut de suite chercher s'il existe une hérédité syphilitique. L'exploration rapide de la face, de l'insertion du lobule de l'oreille, de la voûte palatine, du type dentaire, suffit comme indication première.

L'interrogation permet de savoir si quelque cause grave a pu exercer une influence sur le sujet ; les moindres indices sur les collatéraux, sur les parents, les grands-parents, sont utiles à recueillir.

Bientôt l'on sait si l'intéressé est touché par une hérédité active syphilitique, ou s'il est né en état de défense imparfaite. Dans ce dernier cas, l'enfance aura été pénible, le développement se sera accompagné de phases morbides fréquentes, de contagions ; les tissus lymphoïdes seront altérés, à des degrés divers ; le naso-pharynx présentera déjà la phase atrophique, avec granulations éparses au milieu d'un tissu scléreux et vernissé.

La peau ne sera pas normale, elle sera épaissie au niveau des zones d'extension.

Si le sujet est né en plein équilibre de santé, il suffira de connaître les périodes de souffrance physique subies, soit pendant l'enfance, soit plus tard, pour juger des altérations qu'elles ont pu provoquer. Les lésions qui en résultent sont en ce cas toujours récentes et s'observent au cours de leur première phase. C'est encore au niveau du tissu lymphoïde, ou de la peau, au niveau du foie, qu'il faut chercher des indications précises.

Ce rapide aperçu montre d'après quelles directives, on peut se faire une opinion motivée sur l'état d'un individu, dès le premier examen, et présumer son état de résistance générale.

Il est intéressant de suivre toutes les étapes parcourues par l'organisme entre l'état d'équilibre et l'état prémorbide ; c'est dans les altérations diverses du système de la lymphe qu'on devra chercher les éléments diagnostiques.

Ce sera, en même temps, la meilleure démonstration de la fonction défensive, et de son union étroite avec la santé réelle.

L'ÉTAT DE SANTÉ

L'état de santé peut se définir comme la résultante de l'ensemble des fonctions organiques, s'exerçant régulièrement dans un milieu chimique constamment physiologique.

Il exige donc l'intégrité de ces fonctions. Le maintien du chimisme normal est assuré par le système de la défense antitoxique.

Toutefois on peut en considérer plusieurs degrés, suivant que le système de la défense est plus ou moins résistant.

Ce sont là deux points distincts à considérer :

1° L'état des organes vitaux.

2° L'état des organes antitoxiques.

Les fonctions organiques doivent s'exercer régulièrement. En conséquence, les lésions congénitales constituent une catégorie spéciale. Ce n'est pas qu'elles s'opposent à un état de santé d'apparence normale. On sait que nombre de sujets, atteints de lésions cardiaques, ont pu les compenser suffisamment pour vivre de longues années. On doit cependant les considérer comme en état d'infériorité, attendu que les moindres actions extérieures rompent leur équilibre toujours précaire.

D'autre part, il ne faut pas prendre comme type normal un sujet qui représente le maximum de l'effort humain, ni même ceux qui dépassent notamment la moyenne.

J'ai eu l'occasion de pouvoir étudier un groupe de sportifs, tous doués d'une rare énergie, dont chacun était un recordman ; or, aucun d'eux ne présentait les rapports physiologiques normaux ; la formule urinaire comportait une proportion d'urée et d'acide urique qui pouvait atteindre le double du taux commun, même en dehors des périodes d'entraînement intensif ; la tension artérielle était exagérée, en dehors de tout excès.

Tout en admirant la capacité d'effort dont ils donnaient la preuve, on ne doit pas les considérer comme des modèles d'équilibre. Il est fréquent de voir survenir chez eux des troubles divers, après quelques années de surmenage physique, lorsque l'activité fait place au repos.

C'est donc dans le fonctionnement normal, sans exagération, qu'il faut chercher les conditions de l'équilibre vrai.

L'individu né en état physiologique normal doit le conserver jusqu'à un âge très avancé.

Si une cause accidentelle, ou une série de fautes, ont été capables de l'altérer, elles sont d'importance, et n'échapperont pas à une interrogation méthodique.

Les altérations du milieu chimique sont les plus nécessaires à connaître. En effet, tant que le sérum sanguin restera à l'abri des poisons, les fonctions organiques ne se troubleront pas.

C'est le système de la défense qu'il faut interroger pour savoir si les plasmas organiques sont indemnes de substances toxiques.

Le foie doit détruire celles qui proviennent du tube digestif, avant qu'elles parviennent jusqu'à la circulation sanguine ; la lymphe doit se charger de toutes celles qui ont franchi cette première zone de protection, et les annihiler, tout au moins atténuer leur action nocive, d'une manière assez complète pour que les résidus puissent s'éliminer sans effort. A l'inverse des organes primordiaux, dont le jeu doit être régulier et toujours égal, les glandes de la défense sont essentiellement variables. Leur stabilité se rencontre volontiers lorsque la vie n'apporte aucun choc, que les conditions d'hygiène sont parfaites, que la proportion de l'activité reste suffisante et toujours soutenue, sans dépasser la limite physiologique.

Le corps médical n'a lieu de connaître ces états modèles qu'à l'occasion d'une grossesse, ou d'un contrat d'assurance sur la vie, attendu qu'ils ne comportent aucun phénomène pathologique.

Dans la pluralité des cas, grâce à la puissance de la

défense, les influences toxiques qui ont pu survenir ont été détruites sans qu'aucun malaise en ait été la conséquence. Telles sont les conditions qu'on observe chez les sujets vigoureux, qui n'ont ainsi rien eu à redouter du froid, de la fatigue, ou d'aliments indigestes.

Si, cependant, quelque cause de dépression vitale, morale ou physique, intervient, les accidents toxiques se manifestent, le tissu lymphoïde du naso-pharynx est le premier atteint : coryza, pharyngite, trachéobronchite, bronchorrée, etc., indiquent une phase d'intoxication insuffisamment combattue ; la langue peut devenir saburrale dans les cas prolongés.

Cet épisode de la vie porte l'étiquette de « rhume » ou de « grippe ». C'est à tort qu'on le dédaigne comme indication ; il prouve une période d'infériorité de résistance.

Si la « restitutio ad integrum » est complète, on peut n'en tenir qu'un compte relatif. Mais le malade doit être mis en éveil.

Fréquemment, la réparation n'est pas entièrement réalisée. Il persistera des petits symptômes, dont le caractère ne retiendra pas l'attention et qui porteront le nom de « rhumatisme ».

C'est là un terme sous lequel se réunissent toutes les irritations des synoviales articulaires et tendineuses. Quand la crise aiguë a cessé d'évoluer, l'équilibre antérieur n'est pas rétabli ; le sujet reste à la merci de la moindre cause occasionnelle capable de déverser une dose toxique nouvelle dans la circulation.

Désormais, des aliments indigestes, un excès quel-

conque, cesseront d'être tolérés ; les névralgies articulaires, la courbature, se manifesteront sans cause appréciable. Un effort laissera le muscle douloureux parce
que les autolysines n'auront pas été détruites.

C'est le système de la lymphe qui fournit encore ici
les éléments de contrôle. On peut toujours suivre
l'enchaînement de ses éléments, avec localisation particulière à chaque individu, déterminée au niveau de
la région qui subit le plus haut degré de fatigue.

La question de l'arthritisme est plus vaste, et ne peut
se comprendre que lorsqu'il existe une hérédité.

Le rhumatisme n'est que la preuve d'une intoxication, qui peut être acquise, le sujet étant né en état
d'équilibre ; il est alors le résultat d'une hygiène très
mauvaise, aussi bien de la suralimentation chez un
individu ne fournissant aucune activité, que chez un
ouvrier mal nourri fatigué par un travail trop pénible.

Ainsi l'intoxication, lentement établie, fatigue le
foie et la lymphe ; et, après les tissus lymphoïdes, les
synoviales articulaires ou tendineuses se sensibilisent,
puis s'irritent à chaque crise toxique ; enfin se crée
la phase d'arthrite sèche, avec hypertrophie des synoviales.

Cette forme toxique doit être différenciée des arthrites
aiguës microbiennes.

Elle est essentiellement variable dans ses localisations ; souvent elle est polyarticulaire. La fièvre ne
l'accompagne jamais. La douleur n'existe que dans les
mouvements. La pression n'est douloureuse que dans
les points où la synoviale déborde de l'articulation.

Cette forme d'arthrite n'a rien de comparable avec

le rhumatisme aigu fébrile, ni avec la tumeur blanche.

On pourrait hésiter en cas d'arthrite syphilitique. On connaît l'hydarthrose récidivante du genou ; mais la loi de périodicité lèvera les doutes lors d'une seconde crise, qui surviendra sans cause apparente et restera localisée à la même articulation.

La théorie de la lymphe explique parfaitement tous les caractères cliniques du rhumatisme, soit qu'il provienne d'intoxication alimentaire, ou d'une tuberculose en évolution, ou de toute intoxination.

Tous les degrés peuvent s'observer dans son intensité, depuis la simple sensation de fatigue jusqu'à la douleur aiguë.

Dans les cas légers, on constate que c'est le matin, après le repos de la nuit, que l'état douloureux est le plus marqué. C'est là un fait tellement banal, qu'on l'admet sans discussion ; cependant c'est un fait illogique en soi.

Quand il s'agit d'une contusion ou d'un traumatisme quelconque, le repos est nécessaire ; il en est de même dans les cas d'arthrite microbienne.

Pourquoi l'arthrite toxique ou toxinique s'améliore-t-elle par l'activité ? Admettra-t-on que les mouvements doivent procurer quelque réparation en activant la résorption d'exsudats ? Mais pourquoi un travail intellectuel obtiendra-t-il le même résultat ?

L'explication est facile en tenant compte de l'action de la lymphe. La sécrétion de la glande malpighienne est très ralentie pendant le sommeil, tandis que l'intoxication s'accroît par suite des fermentations gastro-intestinales durant la nuit.

Il faudra, pour rétablir le chimisme de la lymphe, que l'état de veille ramène l'activité, soit physique, soit intellectuelle, en tous cas provoque une hypersécrétion de lymphe.

Il existe un signe facile à constater, qui corrobore cette explication : la fétidité de l'haleine qui chez les intoxiqués se manifeste surtout au réveil. Elle provient en général des fermentations gastro-intestinales, et le sang chargé de gaz putrides les élimine au niveau de la surface alvéolaire des poumons.

Après quelques heures d'activité, la lymphe a recueilli tous ces gaz, les a détruits ; l'haleine redevient normale.

C'est pour la même raison que, chez les sujets actifs, la langue saburrale du matin reprendra sa coloration rosée, dans le cours de la journée.

Tous les états que nous venons de citer sont compatibles avec l'activité physique. Jusqu'ici on ne songe pas à consulter un médecin pour y porter remède ; cependant on n'aura pas manqué de prendre au hasard maint purgatif, ou plus d'un cachet d'aspirine.

Le médecin aurait-il pris les névralgies rhumatismales, ou la pharyngite sèche comme des symptômes de valeur ? C'est au moins douteux.

Or cette phase est de très longue durée ; les symptômes morbides s'aggravent lentement, et le malade s'achemine vers la saturation des organes primordiaux de la défense.

On a donc tout le temps nécessaire pour connaître le degré de l'intoxication en cours, et pour avertir le malade de l'hygiène et du traitement qui s'imposent.

L'ÉQUILIBRE ORGANIQUE
EN CAS D'HÉRÉDITÉ MORBIDE

Doit-on considérer que l'équilibre organique puisse exister, malgré une infériorité congénitale ? On peut d'abord répondre par l'affirmative. Toutefois la question doit être discutée.

Nous avons divisé déjà l'hérédité en deux types : l'un, qui a été longuement traité précédemment, constitué par l'hérédo-syphilis, seule infection capable de franchir, insoupçonnée, une génération, et de créer, à l'insu de tous, un état microbien actif chez le nouveau-né.

L'autre qui comprend toutes les infériorités organiques sans transmission d'agents vivants.

Ce dernier type est le plus important à étudier, à cause de sa fréquence.

L'enfant est né vulnérable ; dès les premiers jours, il a manifesté du coryza et un amoindrissement d'énergie fonctionnelle. Le tube digestif supporte difficilement l'allaitement artificiel ; les diarrhées sont fréquentes ; les poussées dentaires s'accompagnent de troubles gastro-intestinaux.

C'est l'insuffisance hépatique qui tient le principal rôle ; le système de la lymphe n'est pas moins atteint. La peau est surépaissie, et conserve une tonalité mate, blafarde. Le regard est éteint.

Les altérations lymphoïdes du naso-pharynx diminuent la perméabilité des voies aériennes supérieures. Le sommeil est agité et pénible ; il ne s'accompagne pas de cris comme dans l'hérédo-syphiilis, mais de gêne respiratoire.

Les moindres fautes de régime sont suivies de troubles.

Toutefois l'enfant n'est pas désormais condamné à une infériorité définitive. Si l'hygiène du premier âge est observée, il « reprendra le dessus ». Peu à peu la loi de la vie, essentiellement réparatrice, permettra le retour à l'équilibre.

La santé qui en résultera ne sera pas de celles qui ne craignent rien ; du moins pourra-t-elle suffire, si une activité modérée la soutient, à assurer la durée normale de la vie.

La question est plus complexe lorsque le foie et le système de la lymphe ne sont pas seuls atteints. Si quelque idiosyncrasie a créé une insuffisance endocrinique particulière, il en résultera une rupture d'équilibre difficile à corriger.

Les notions que nous possédons sur le fonctionnement des glandes à sécrétion interne, ne permettent pas toujours d'en connaître à temps les premiers troubles.

Ainsi tout l'effort doit-il se porter sur de nouvelles recherches. La connaissance du système de la lymphe les facilitera du reste.

Il n'existe plus cette vaste lacune, où rien ne pouvait être précisé, entre l'insuffisance hépatique et l'hypersécrétion thyroïdienne. Les manifestations lymphoïdes et cutanées pourront marquer les étapes intermédiaires.

L'habitude de noter les petits symptômes apportera une série de documents qui nous manquent actuellement. La frilosité anormale suffit pour attirer l'attention sur une atteinte thyroïdienne. Or dès qu'une des glandes endocrines est touchée, il faut prévoir que d'autres entreront bientôt en scène, soit parce qu'elles ne seront plus compensées, soit pour suppléer la fonction défaillante ou viciée.

Lorsque de tels troubles se produisent, il faut considérer l'organisme comme en état pathologique permanent.

Il peut exister une apparence d'équilibre, mais non une réalité.

Les grandes fonctions vitales ne sont plus protégées. Les malaises cardiaques et nerveux sont les plus fréquents; toutes les fonctions sont plus ou moins atteintes. Le développement corporel ou psychique subira l'influence des troubles hypophysaires, ovariens ou testiculaires. La période de la puberté sera surtout à redouter. On doit conclure que la valeur totale de l'organisme est très amoindrie lorsqu'une ou plusieurs glandes endocrines sont altérées dès l'enfance.

On discutera longtemps encore des méthodes thérapeutiques basées sur l'opothérapie spéciale. Il est cependant une méthode que l'usage du temps a consacrée : l'emploi systématique de l'huile de foie de morue.

Le succès constant de cette méthode apporte un appoint à la théorie de la défense antitoxique : l'huile de foie de morue agit surtout comme extrait de foie, non comme substance nutritive.

Ce n'est pas un aliment, mais un extrait antitoxique.

L'extrait de foie de porc donne les mêmes résultats. Depuis quinze ans, les extraits hépatiques ont pris une importance de plus en plus grande. Cependant on n'a pas encore pris l'habitude de les employer suivant une méthode rationnelle.

Ce peut être la réalité de demain.

Toute l'insuffisance organique du premier âge relève de l'infériorité antitoxique. Or la défense repose d'abord sur la fonction hépatique et sur la sécrétion de la lymphe.

Il faut que celles-ci soient déficitaires, pour qu'une des glandes endocrines secondaires soit troublée.

Pour rétablir l'équilibre, il n'est pas nécessaire de chercher quelle glande est en hyper ou hypo-sécrétion ; il suffit de pratiquer l'opothérapie hépatique et lymphatique.

C'est ainsi que l'huile de foie de morue est restée la panacée contre les maux les plus divers.

Prescrite au cours de l'enfance, pendant plusieurs années, elle a pu réaliser la réparation des insuffisances antitoxiques. On peut conserver ce principe et l'appliquer systématiquement.

L'insuffisance antitoxique peut et doit être réparée par l'usage constant d'extraits antitoxiques, dont le foie fournit un des éléments essentiels. La lymphe en doit être le complément.

Lorsque l'organisme reçoit par la méthode thérapeutique une somme suffisante de substances antitoxiques, le système de la défense peut se réparer peu à peu et retrouvera son fonctionnement normal, quels qu'aient été les organes frappés d'impuissance, soit congénitalement, soit au cours des premières années de la vie.

L'équilibre peut ainsi se rétablir, à condition que le traitement antitoxique ait été institué de bonne heure, et poursuivi longtemps, même alors que la santé ait paru complètement rétablie.

L'équilibre organique
chez les hérédo-syphilitiques.

L'insuffisance de la défense antitoxique présente des caractères spéciaux chez les hérédo-syphilitiques. Bien que cette question ait été déjà étudiée au cours du chapitre précédent, nous devons y revenir au point de vue de l'équilibre organique.

Les syndromes cliniques sont multiples. Ils relèvent toujours du mélange de trois influences : 1º Les organes de la défense sont altérés d'après l'ordre habituel, foie, système de la lymphe, puis glandes endocrines du groupe secondaire.

2º Surexcitation vitale manifestée par l'agitation, la boulimie, et une énergie singulière dans les réactions.

3º Poussées morbides, accompagnant les phases critiques (poussées dentaires chez les enfants, puberté, accidents survenus), et aussi, crises se manifestant sans cause apparente suivant un rythme périodique.

Nous avons déjà vu que le critérium syphilitique réside en ce fait que, lors des crises morbides, l'agitation et l'appétit sont accrus, par suite d'une sécrétion plus abondante de toxine spécifique.

Ce critérium suffit à poser le diagnostic dans les cas obscurs, aucune autre cause toxique ou infectieuse ne pouvant y donner naissance.

Toutefois la mesure de l'équilibre organique est très difficile à fixer ; le pronostic doit toujours être très réservé. On peut avoir observé une amélioration par un traitement assidu, chez un hérédo, et avoir obtenu la disparition de l'agitation et des cris nocturnes, une plus longue durée des phases d'accalmie ; cependant le petit malade peut être emporté brusquement par des convulsions, alors qu'on avait affirmé une pleine confiance dans la guérison.

On ne doit jamais considérer un hérédo comme en équilibre, même relatif. Un terme, presque proverbial, reste toujours vrai « Trop intelligent pour vivre », et procède uniquement de la syphilis.

Les enfants nés de tuberculeux avancés, d'intoxiqués divers, peuvent présenter l'aspect vieillot des hérédos ; mais le regard est atone ; la musculature est flasque ; toutes les fonctions sont insuffisantes. Chez les hérédos, seuls, l'acuité du regard, l'éveil trop précoce de l'intelligence, prouvent une intensité de vie qui doit user l'organisme, si celui-ci n'est pas assez résistant.

Depuis longtemps la masse du public a senti ces singulières anomalies. Les superstitions deviennent de plus en plus rares ; elles persistent encore dans quelques campagnes, et trouvent l'écho dans les familles entachées de syphilis. Le mal de saint Main donne lieu à des pèlerinages multiples, à des pratiques empiriques, dont on comprend assez difficilement l'origine première.

Le mal de saint Main comporte trois modes principaux, les cris des nourrissons (saint Main braillard) (1), le prurigo de HEBRA (saint Main le galeux), l'impétigo (saint Main le rifleux).

Les mères s'adressent aux sources miraculeuses, parce

____

(1) On prononce habituellement « *brâlard* ».

que le médecin n'a pu établir ni diagnostic, ni pronostic, ni traitement.

Le jugement qu'on peut porter sur un hérédo est donc très délicat. Il doit se baser sur l'état des organes de la défense ; la boulimie, qui, toujours, inspire une absolue confiance dans l'état de santé, doit être tenue comme une des indications principales.

L'excès du développement général, l'embonpoint précoce, surtout, s'appliquant à l'épaisseur de la peau, est d'importance égale.

Il faut tout craindre chez les enfants trop gros.

Plus les signes d'excitation seront prononcés, plus il faut réserver le pronostic.

Si des glandes endocrines telles que l'hypophyse, le corps thyroïde, la rate manifestent des troubles, l'avenir reste sombre.

Il faudra plusieurs années de patience et de traitement assidu pour obtenir un équilibre suffisant.

Les traitements violents sont difficiles à réaliser dans la première enfance. J'ai obtenu des succès avec l'olarsol dès les premiers jours de la vie. Ce ne peut être pratiquement qu'une thérapeutique d'exception.

Le traitement mercuriel n'est toléré à doses puissantes que si le foie, la glande lymphatique et l'intestin ne sont pas trop altérés. Sinon, les diarrhées profuses et les érythrodermies peuvent prendre un caractère de gravité redoutable.

Les traitements de longue durée, à doses quotidiennes, sont bien supportés, mais ne suffisent pas toujours, même après 8 ou 10 ans de durée.

L'équilibre endocrinique ne s'obtient alors que par

l'emploi méthodique des extraits divers, hépatiques, lymphatique, hypophysaire, surrénal, thyroïdien.

C'est une méthode très artificielle, difficile à faire suivre aux jeunes malades, mais qui peut être couronnée de succès. Au cours de traitements aussi prolongés, on peut noter des faits du plus haut intérêt, en particulier la disparition progressive de dystrophies paraissant définitives, telles que le front olympien, le désordre dentaire, l'asymétrie faciale.

Quand ces améliorations se produisent, on peut espérer un rétablissement complet.

Lorsque l'hérédité spécifique est très ancienne, à la 3me ou 4me génération, l'excitation fonctionnelle est très diminuée, en même temps que les glandes de la défense sont plus insuffisantes. La vulnérabilité de l'organisme devient extrême : la tuberculose est toujours à redouter, ainsi que les infections cocciques.

Il est facile d'en trouver des exemples dans les familles nombreuses entachées de syphilis. C'est vers la 2me et la 3me génération qu'on peut le mieux s'en rendre compte. La morbidité y apparaît constante, au grand désespoir des procréateurs, qui ont, au contraire, bénéficié d'une énergie et d'une activité supérieures à la normale, et qui n'ont jamais subi aucune contamination personnelle.

Il reste encore beaucoup de recherches cliniques à poursuivre, avant de savoir quelle est la méthode thérapeutique qui convient à ces générations.

La fréquence des infections cocciques et de la suppuration est très grande.

L'emploi des sérums a permis déjà de combattre les états de staphylococcie, les lymphangites virulentés, nées d'une plaie insignifiante. On ne peut se préserver des crises brutales d'appendicite, avec suppuration d'emblée, ou des infections puerpérales, survenues sans inoculation locale.

Il ne semble pas qu'il soit possible d'instituer un programme quelconque, tant qu'il sera nécessaire de garder secret le diagnostic du terrain.

Les hautes autorités du corps médical connaissent mal cette question ; les malades qui leur sont adressés sont avertis du diagnostic qui les attend. Le praticien isolé sait que, s'il formule sa pensée, il ne reverra plus le malade ; celui-ci préférera courir les risques qui le menacent, lui ou ses enfants, plutôt que d'accepter l'idée d'être entaché de honte. Désormais il trompera sciemment le médecin qu'il consultera, dans l'espoir que la guérison pourra s'obtenir sans prononcer le mot fatal.

Le traitement des « insontium » doit cependant être tenté, jusqu'à ce que, par un effort commun, le corps médical ait accompli cette croisade nécessaire contre l'opprobre attaché à la syphilis.

Le terrain communique à toutes les maladies une allure spéciale. Dans la forme de tuberculose, fréquente chez les hérédos tardifs et qui leur est propre, on observe une période fibreuse, assez prolongée pour permettre une thérapeutique active. Toutefois il ne faut pas conseiller le repos absolu.

Autant celui-ci est nécessaire dans le cas de tuberculose pure, sans mélange d'hérédité syphilitique, qui toujours s'accompagne de fièvre, autant le repos est nuisible dans les formes scléreuses. La réelle difficulté pratique consiste en ce qu'on obtient difficilement, de la part des hérédos, qu'ils conservent une activité moyenne ; leur tendance à l'exagération s'y oppose ; dès qu'on leur permet le mouvement, ils tombent dans l'excès.

Une activité bien comprise assure la sécrétion normale de la lymphe, que l'immobilité systématique ralentit. Le succès thérapeutique résultera de la période à laquelle le traitement aura été prescrit et appliqué. S'il est appliqué tardivement, l'échéance est fatale.

La vulnérabilité à l'égard des agents de suppuration est au moins aussi difficile à combattre ; on ne la connaît que lorsque des accidents éclatent. Il ne s'agit plus ici d'insuffisance endocrinienne, bien qu'on ait toujours intérêt à la poursuivre et à la compenser ; le trouble provient de la formule hématologique.

C'est l'infériorité leucocytaire qui est en jeu.

L'influence héréditaire est toujours complexe. Les troubles de la nutrition évoluent derrière les apparences de la santé, telles qu'elles sont admises communément, c'est-à-dire : la persistance d'un bon appétit, un embonpoint précoce, une activité constante. Ce sont les « arthritiques ».

L'artério-sclérose s'établit sournoisement, même s'il y a abstention d'alcool ; des crises d'asthme apparaissent sans cause ; les désordres hépatiques, la glycosurie, la lithiase biliaire sont communs.

Chez ces sujets, la formule d'équilibre est constituée par une égalité entre l'action excitante due à la toxine syphilitique, et l'infériorité de la défense antitoxique par rapport à l'état normal. Ces deux états se compensent ; mais il en résulte une instabilité qui appartient à la pathologie. Il se prépare une échéance grave, le jour où le surmenage de la défense sera tel, que l'excitation ne pourra plus maintenir le même taux d'énergie. A ce moment, éclateront des phénomènes morbides, très souvent au niveau du foie, ou de la peau, ou de quelque glande endocrine, notamment le pancréas, les glandes surrénales, la prostate.

Le tableau le plus complet de l'arthritisme a été dressé par GLÉNARD et peut servir de type. On y suit l'évolution progressive de tous les éléments de la défense antitoxique.

Quelle méthode pourrait combattre l'arthritisme ? On considère le surmenage comme étant la cause de la fatigue organique — « la lame usant le fourreau ». —

Or, l'excitation est elle-même la conséquence d'une sécrétion toxinique permanente. Les crises périodiques passent inaperçues : elles ont donné lieu à un surcroît d'appétit et d'activité, et c'est à la fatigue qu'on en a attribué les conséquences arthritiques.

Il faudra d'abord que cette vérité soit admise. Elle n'a même pas encore été discutée. Cependant comment expliquer pourquoi l'appétit, et la sensation de vie intense précèdent l'apparition d'un ulcère gastrique ou duodénal, d'un ictus hémiplégique? Chaque fois que le fait se produit, on accorde à cette suractivité brusque la cause de l'accident.

Cependant, il suffirait de chercher avec un peu d'attention les stigmates chez le malade, chez ses ascendants ou chez ses descendants, pour constater que, toujours, on peut déceler une syphilis en puissance.

L'équilibre organique chez les arthritiques devrait pouvoir être réalisé. Il faudrait leur faire admettre d'abord que le terrain est imprégné de tréponémiase; c'est la seule méthode de salut, à laquelle ils devraient se résigner.

Il faut donc analyser les modes de l'arthritisme, et chercher s'il n'existe pas une influence syphilitique. Si celle-ci est reconnue, il faut se rendre compte quel degré d'activité elle présente encore. Lorsque ce degré est reconnu, il ne faut pas se hâter de combattre cette diathèse ; il faut d'abord compenser les infériorités de la défense, rétablir les fonctions déficitaires par l'opothérapie ; c'est seulement alors qu'on peut employer un traitement actif.

On pourra mieux préciser cette méthode lorsqu'on sera d'accord sur les traitements rationnels, applicables à chaque degré d'hérédité, c'est-à-dire à toute la parasyphilis actuelle, et à toutes les dystrophies.

Tous ceux qui poursuivront des essais, constateront que le pire obstacle au traitement est créé par la vulnérabilité des organes, qui ne peuvent supporter une thérapeutique violente.

Jusqu'ici, nous n'avons pu obtenir systématiquement de résultats complets dans ce sens ; nous nous sommes contentés des traitements très lents, à doses faibles, soit par le calomel, à un ou deux centigrammes par jour, ou de faibles doses de néo-arseno benzol ; chaque fois que nous avons voulu atteindre les doses un peu élevées, il est apparu des phénomènes d'intolérance.

Toutefois nous avons très fréquemment réalisé de réels succès ; guérison de l'hypertension artérielle et de l'artério-sclérose, de sclérose pulmonaire, d'asthme, de bronchite chronique, de constipation opiniâtre, de pied bot, de strabisme de l'enfance, d'asymétrie faciale. Des atteintes d'hémiplégie se sont répétées en suivant une allure décroissante et des malades ont pu reprendre leur vie normale.

Des cas de paralysie générale au début ont pu être enrayés. Un des succès les plus constants a été de supprimer chez les jeunes hérédos l'agitation continuelle qui entravait toute étude sérieuse, et de les voir prendre dans leurs classes le rang que méritait leur intelligence.

Un immense progrès sera réalisé lorsque l'hérédité pourra être modifiée dès les premières années de la vie, en même temps que l'opothérapie permettra de réparer les insuffisances endocriniennes.

On verra alors la plupart des tumeurs devenir rares.

Si on cherche vraiment l'hérédité spécifique, on la trouve toujours à l'origine des kystes, des fibromes et du cancer.

L'action excito-cellulaire de la toxine y joue le principal rôle.

J'ai déjà développé la théorie de la révolte cellulaire pour expliquer les néoplasmes (Progrès Médical. Janvier 1919).

Actuellement, nous sommes entravés par la résistance de l'opinion à tout traitement antisyphilitique avoué. Celui-ci n'a de chances de réussite que si, une fois commencé, il peut être poursuivi assidûment pendant toute la durée nécessaire, et cette durée ne peut être présumée à cause de son extrême variété.

On s'expose donc, dans le désir de guérir quand même, à aggraver l'état du malade, si celui-ci refuse les soins avant que l'amélioration survienne.

Une question importante est à discuter à cet égard. — La tuberculose chez les hérédos.

Ici, la nature du terrain a facilité la contagion. En revanche elle a imposé au bacille de KOCH une allure plus lente, moins brutale, et assuré la réaction fibreuse d'enkystement ; de plus l'appétit est resté puissant ainsi que l'activité et la résistance morale.

Si on cherchait à éteindre d'abord le tréponème, on aggraverait l'état général.

Il faut donc combattre la tuberculose d'abord. Les traitements agissent plus lentement que sur les bacilloses pures de tout mélange ; mais la conservation d'un état général meilleur, la rapidité de relèvement des forces après chaque poussée congestive, permettent d'améliorer le pronostic, et autorisent plus de patience. Il est même utile, dans les tuberculoses fibreuses de type chronique, de ne pas conseiller la thérapeutique anti-syphilitique, si la guérison complète de la bacillose ne doit pas s'obtenir.

Il s'établit alors une sorte d'équilibre pathologique, compatible avec un certain degré d'activité utile, et on doit se résigner à attendre les crises périodiques, qu'on ne saurait prévenir.

On peut ainsi conclure à plusieurs types d'équilibre organique. Le premier est celui de l'homme sain. C'est le plus fréquent ; il échappe aux contagions, et reste étranger au corps médical ; il permet une résistance énorme à la fatigue et aux influences les plus nocives ; il a donné sa mesure pendant la guerre.

Les privations et les fatigues ont dépassé ce que l'imagination pouvait concevoir ; et pourtant, dans les formations sanitaires de l'arrière, malgré les lenteurs de transport durant la première année de guerre, 80 p. 0/0 des blessés ne suppuraient pas ; et la mortalité dépassait à peine 1 0/0.

L'épreuve est faite d'une manière éclatante, démontrant que la grande majorité de la race présente cet équilibre puissant de l'organisme sain.

Aujourd'hui la France reste debout avec ses forces de réparation. Après avoir d'abord résisté presque seule au choc le plus formidable qu'ait subi un peuple, après avoir « continué la guerre avec ses blessés », elle a le droit de parler ouvertement des hérédités familiales, et des infériorités individuelles.

Le 2me type d'équilibre organique est présenté par les sujets nés en état d'insuffisance antitoxique ; ils paient un fort tribut à la mortalité infantile, mais la loi de la vie réparatrice rétablit ceux qui ont pu franchir la première enfance, et leur activité restera régulière, en évitant les chocs et les contingences dangereuses.

Le 3me type est un équilibre pathologique ; il est établi par les hérédo-syphilitiques, qui, grâce au caractère excitant de la toxine spécifique, maintiennent leur énergie vitale malgré les contagions multiples.

Ces trois types sont très divers, et cependant ont un caractère commun ; ils exigent pour se maintenir une activité constante, physique ou intellectuelle.

L'inertie est la pire des maladies ; elle seule est capable de détruire la santé la mieux assise.

CONCLUSIONS GÉNÉRALES

I. La lymphe exerce dans l'organisme une influence de premier ordre. Elle naît dans le corps muqueux de MALPIGHI, et procède des filaments d'union inter et trans-cellulaires.

Il existe ainsi une glande lymphatique située dans l'épiderme et étendue à toute la surface du corps.

II. La glande lymphatique constitue le plus actif des organes antitoxiques ; elle possède une vitalité parti-culière et reste « l'extremum moriens ».

III. Elle exerce une action déterminante sur les lésions cutanées et sur leurs localisations.

IV. Elle assure parallèlement au foie, la lutte contre les poisons solubles en circulation dans le sang.

Elle permet d'établir un enchaînement régulier entre les lésions résultant de l'intoxication.

V. La série des glandes endocrines (corps thyroïde, corps pituitaire, capsules surrénales, etc...) ne constitue qu'un groupe secondaire de la défense antitoxique, et ne subit de troubles que lorsque le foie et la glande cutanée commencent à s'épuiser.

VI. Les altérations de la lymphe et de la glande lymphatique sont faciles à reconnaître d'après l'état de la peau. On peut, de ses altérations, inférer s'il existe des poisons en circulation.

On peut connaître la nature et l'origine de ces poisons, soit substances chimiques, soit autolysines, soit toxines microbiennes, d'après leur mode d'action sur l'organisme.

VII. Chez l'individu normal, les grandes fonctions vitales s'accomplissent sans troubles, tant que le milieu chimique reste normal ; les lésions qu'elles présentent proviennent d'une défaillance de la défense antitoxique.

VIII. On peut être averti des premiers troubles, bien antérieurement à l'état d'imminence morbide, par les indications que fournit le système de la lymphe, notamment les formations lymphoïdes et les synoviales articulaires.

IX. Les termes de « rhumatisme », d' « arthritisme » ne sont que des formes de l'intoxication ou de l'intoxination. Ils ne servent qu'à jeter la confusion dans la méthode clinique.

X. Le terrain présente en pathologie une importance plus grande que la valeur du germe infectieux.

Les hérédités, les idiosyncrasies peuvent être précisées.

L'hérédo-syphilis peut et doit être poursuivie jusqu'à

ses limites d'activité, qui peuvent s'étendre jusqu'à la 4me génération.

XI. L'équilibre organique existe tant que le système de la défense est suffisant.

Il présente trois degrés. Le premier correspond à l'état de santé intégral, capable de résister à toutes les fatigues.

Le second correspond à une diminution de la défense, congénitale ou acquise, et constitue un équilibre instable, facile à rompre sous une influence nocive.

Le troisième est pathologique et procède de l'hérédo-syphilis ; il comporte à la fois une résistance accrue de la réaction cellulaire, et une vulnérabilité plus grande.

XII. La puissance de la défense antitoxique repose principalement sur l'intensité de la sécrétion de la lymphe; celle-ci, étroitement liée aux phénomènes vaso-moteurs, est accrue par la vaso-dilatation, et diminuée par la vaso-constriction.

Toute activité musculaire et toute activité intellectuelle ou psychique, capables de créer la vaso-dilatation sanguine, constituent l'élément primordial de la résistance individuelle.

INDEX BIBLIOGRAPHIQUE

ANDRIEUX (D^r). Une conception nouvelle des arthropathies du tabes. *Revue mod. de Thérapeutique et de Biologie*, avril 1912.,

APERT (D^r). *Revue mensuelle de gynécologie*, février 1911. — — Myxœdème aigu. Clinique de l'Hôp. Andral. — *Monde médical*, 25 mai 1913.

ASTROS (D^r d'). *Congrès de Rouen*, 1914, page 527.

AUDEBERT (D^r). Gros œufs et Syphilis. *Concours médical*, 1er mars 1919.

AUDRAIN (D^r). *Congrès de Paris*, 1910, p. 183. La Syphilis obscure. O. Doin, 1911. — *Bulletin de la Soc. fr. de Derm. de Syph.*, 9 janvier 1908, 7 novembre 1912, 5 décembre 1912, 4 décembre 1913, 20 avril 1914. — *Progrès médical*, 30 mars 1912, 24 août 1912, 8 mars 1913.

AXEL KEY et RETZINS, *Revue de Biologie*. Stockholm, 1881.

BARRÉ (D^r). Th. de Paris, 1912.

BERNHEIM (Pr^r). Psychiatrie. *Progrès médical*, 18 janvier 1919.

BESNIER, BROCQ et JACQUET. La Pratique dermatologique.

BIER (Pr^r). L'hyperémie. Trad. MACHARD et VALETTE. Masson, 1917.

BRANCA (D^r). Traité d'anatomie POIRIER et CHARPY. — *Soc. de Biologie*, avril 1899.

Castaigne. Le goitre exophtalmique. *Journal médical français*, 25 mars 1913.

Chauffard (Pr). Les ictères hémolytiques. Leçon. Hôp. St-Antoine, 1919.

Chauffard et Girard. C⁰ⁿ à l'Ac. de Méd., Paris, 18 février 1919.

Duval (Pr Mathias). *Traité d'histologie.* Paris, 1900.

Fournier (Pr Alf.). Traité de la syphilis, t. II, p. 741.

Fournier (Dr Edmond). Rapport à la Soc. fr. de Derm. et de Syph., p. 234. — *Bull. de la Soc. de Derm. et Syph.*, 1900, p. 16 — 1901, p. 17.

Gaucher (Pr). *Bull. de la Soc. fr. de Derm. et de Syph.*, 11 avril 1904, janvier 1908. — *Ac. Sciences*, 10 juin 1916.

Gaudichard. Les extraits dermiques. Th. Bordeaux, 1906.

Gennaro Sisto (Dr). Les cris des nourrissons. Doin, 1914.

Geofrfoy-St.-Hilaire (Dr). Les œdèmes abdomino-pelviens. Th. de Paris, 1898.

Géraudel (Dr). Parenchyme hépatique et bourgeon biliaire. Paris, 1909.

Glénard (Dr). De l'hépatisme. *Le Monde médical*, mai 1913.

Halm (Dr). Processus de l'inflammation. Répert^re de Méd. internat. février 1911.

Hallopeau (Dr). *Annales de Dermatologie*, 20 juin 1914.

Hallopeau et Leredde. Traité pratique de Dermatologie, Paris, 1900.

Kœnig (Dr). Méd. Journ. New-York, décembre 1900.

Jonnesco et Charpy. Traité d'Anat^le de Poirier et Charpy.

Landois. Traité de Physiologie, 1893. Traduction Moquin-Taudon.

Leduc et H. Pied (Drs). Les Syphilis ignorées. — *Association fr. pour l'avanc. des Sc., Congrès du Havre*, 1914, p. 792.

Leredde (Dr). Le domaine de la Syphilis. Paris, 1917.

L. Lévi (Dr). Corps thyroïde et intestin. *Soc. méd. de Paris*, 29 juin 1911.

Maurice (D^r). *Lyon médical*, 19 février 1911.

Minoret (D^r). Corps thyroïde. Th. Paris, 1911.

Petrini de Galatz (D^r). *Bull. de la Soc. fr. de Derm. et Syphi.*, 1900. p. 174.

Quéry (D^r) Polymorphisme microbien dans la syphilis. *Assoc. fr. pour l'avanc. des Sc., Congrès du Havre,* juillet 1914, p. 815.

Ramon et Cajal. Traité d'histologie. Madrid, 1886.

Ranvier (Pr^r). Traité d'histologie. *Com. Ac. des Sciences,* janvier 1899.

Renaut (Pr^r). Traité d'histologie.

Robin et Sourdel. *Gaz. Hôp. Lyon,* août 1912.

Robinson. Glandes surrénales et gravidité. *Ac. des Sciences,* 24 avril 1911.

Richet fils (D^r Ch.). Etude clinique et exp. des entérites, Th. Paris, 1912.

Sabouraud (D^r). *IVe Congrès international,* août 1900.

Sergent (D^r). *Le Monde médical,* 25 juillet 1914.

Stapfer (Dr H.). Kinésithérapie gynécologique. *Ann. de Gynécologie,* juillet-août 1893. — Manuel pratique de Kinésithérapie. Paris, Alcan 1912.

Wetterwald (D^r). Les névralgies du tissu cellulaire, *Congrès de Physiothérapie.* Paris, 1908.

Wertheimer (D^r). *Echo médical du Nord,* février 1911.

TABLE DES MATIÈRES

Paris-Lille. — Imp. A. Taffin-Lefort, 54-8-19.